博古睿心萃丛书

行星思维与共生哲学

The Planetary and Philosophy of Co-becoming

宋冰 主编

上海科技教育出版社

图书在版编目（CIP）数据

行星思维与共生哲学 / 宋冰主编 .-- 上海：上海科技教育出版社，2025.6.--（博古睿·萃嶺丛书）. ISBN 978-7-5428-8411-4

I. N02-49

中国国家版本馆 CIP 数据核字第 2025LR8872 号

责任编辑　殷晓岚
版式设计　储　平　杨　静
封面设计　杨　静

XINGXING SIWEI YU GONGSHENG ZHEXUE
行星思维与共生哲学
宋　冰　主编

出版发行	上海科技教育出版社有限公司
	（上海市闵行区号景路 159 弄 A 座 8 楼　邮政编码 201101）
网　　址	www.sste.com　www.ewen.co
经　　销	各地新华书店
印　　刷	上海锦佳印刷有限公司
开　　本	720×1000　1/16
印　　张	17.5
插　　页	1
版　　次	2025 年 6 月第 1 版
印　　次	2025 年 6 月第 1 次印刷
书　　号	ISBN 978-7-5428-8411-4/N·1260
定　　价	98.00 元

目录 | CONTENTS

1 ...... 变革时代人类观念的转向与升维——行星思维与共生思想　宋冰

I　行星思维与行星治理

26 ...... 语言"监狱"里的行星政治学　托比·李思

43 ...... 迈向行星思维　许煜

60 ...... 行星智能　本杰明·布拉顿

75 ...... 治理在行星时代　乔纳森·布莱克 / 尼尔斯·吉尔曼

92 ...... 我们为什么需要一张"地球资产负债表"　沈联涛

108 ...... 跨物种货币　乔纳森·莱德加德

II　生命科学中的"共生"与东方"共生"哲学

140 ...... 人体共生微生物研究正在修改"人"的定义　赵立平

159 ...... 如何理解共生——两种生命图景的冲突与融合　杨仕健

177 ...... 宋明儒"仁者与物同体"思想与儒家式的"共生主义"　吴根友

192 ...... 身体·社会·自然——从身体观看道教"共生"思想　陈霞

207 ...... "缘起"与"共生"——佛教对人与自然、文明间和谐之道的启示　龚隽

225 ...... 文的缝隙、混沌之边——从共生的难题到"宇宙的希望"　石井刚

246 ...... 关于"一"与"多"的古老难题——"共生"引发的本体论新思考　展翼文

变革时代人类观念的转向与升维
行星思维与共生思想

宋冰——文

俄国文学巨匠托尔斯泰曾说，文明的建立靠的不是机器而是思想。的确，思想引导并塑造人事、器物与制度，思想创造世界，也改变世界。鉴于此，博古睿研究院[1]关注、培育和传播深刻变革时代的新观念、新思想。

之所以说当下是个深刻变革的时代，是因为人类深切地认识到自身和其赖以生存的生态圈正面临复杂叠加的危机。这些危机包括气候变化、生态失衡、全球疫情，也包括担心失控的前沿科技给人类自我存续带来冲击。不幸的是，在人类面临共同的叠加性危机之时，人类社会自身的地缘政治紧张、对立不但没有消减，反而还在加剧升级。触发地缘局势紧张的重要原因之一来自另一个正在发生的深刻变革，即中国的崛起。毫无疑问，中国的崛起是和平的，也大大增进了人类整体的福祉。那么，一个古老文明的涅槃重生对一个风雨飘摇的地球来说到底意味着什么？审慎的欢迎、观望、猜忌、怀疑、排斥甚至敌意，人们各执一词。因不同历史与文明价值观引起的主导性文明之间有意无意的误读，已经成为影响人类安全、全生态福祉的巨大风险因素。

在这样的多重结构性巨变之中，博古睿研究院力推行星思维（planetary

---

[1] 博古睿研究院官方网站：www.berggruen.org。

> "博古睿研究院力推行星思维（planetary thinking），倡导人类超越以己为中心的视角，突破沉溺于猜忌、算计的民族国家的思维与行为范式，呼吁思想界、政策界和有公共事务关切的大众对当下人类与全生态情境进行宏阔的、深刻的思考。"

thinking）[2]，倡导人类超越以己为中心的视角，突破沉溺于猜忌、算计的民族国家的思维与行为范式，呼吁思想界、政策界和有公共事务关切的大众对当下人类与全生态情境进行宏阔的、深刻的思考，重新理解和领悟人之所以为人的本质，人与人、人与自然的关系，并在新的观念和思维方式上调整我们面对危机轻重缓急的考量，提高人类的共同意识，促使人类走出当下的困境。

《博古睿·萃岭丛书》由博古睿研究院中国中心策划。《行星思维与共生哲学》聚焦博古睿研究院近年来关注的与行星思维和行星哲学有关的思考，是一次跨学科、跨领域，促进人类观念转向、升维的新尝试，其中许多提法、理论依据、思想阐述尚处在初期探讨的阶段，旨在激发更多、更深的讨论与争鸣。

以下部分，我将分别介绍行星思维与行星哲学的初步探讨。

行星思维与行星治理

什么是行星思维？托比·李思（Tobias Rees）认为，要了解行星思维，首先得从"什么是人"开始探讨。李思认为，"人"的观念源于欧洲17世纪30年代，可以追溯到笛卡儿或霍布斯。从那时起，人高于自然，且与机器迥异的观念形成，并逐渐成为现代性的思想基础。随着现代化和全球化的进程，这种人、自然、机器相区隔而有不同价值排序的观念进而固化为全球的思想正统。然而，随着前沿科学新领域的拓展和新发现，人们渐渐认识到，以往认为的那种人与自然的区隔没有这么鲜明而不容置疑。比方说，赵立平用他的肠道菌群实证研究启

---

[2] 更多项目内容，见 https://www.berggruen.org/work/the-planetary/。

发大家"换位"思考。附着于人体、数量十倍于人体细胞的微生物并不区分人与人之间的个体边界,它们徜徉在生物体相连的大生态体系中。从它们的视角看,人与人、人与自然之间的边界是如此含混不清而无意义。我们之间的关系、联结竟然如此绵密繁复,以至于人与人、人与自然之间的区隔变得模糊,形成"你中有我、我中有你"的融通关系。

  近年来,人工智能、大数据和机器人技术的突破与发展,也让人认识到人类"智能独享"的特权不再,从而造成人们惶恐不安。智能医学可以让有机体与机器之间无缝对接。人们想象的硅体和碳基结合的赛博格,也让人认识到人与机器的区隔在消解。李思指出,以往的区隔定义和认识至少在当下已被悬置。这些发展让人对奉为圭臬、不假思索遵行的思想与行动体系摁下"暂停",人们自然会问:有不同的视角认识人、自然与器物吗?如何超越这些已有的定义、区隔来认识人、自然与器物?于是"行星思维"就萌生了。李思指出:"行星思维是我们得以从地球系统的角度重新思考一切的机会——这个系统是过去35亿年中微生物和生物地球化学过程共同作用的产物。"

  如果说李思是从微生物和生物地球化学过程共同作用下的地球视角开始思考行星性,许煜则从对全球化的起源和思想基础的批判开始了他的行星思维。他认为,全球化在很大程度上是出于经济考虑,是对市场的拓展并伴随着对土地的征服。全球化造成的后果,如生物多样性的丧失、资源的枯竭、地缘角力的升级,已经让人类认识到全球化的底层逻辑——人与自然、技术与自然的分离——难以为继,它将人类和生物圈带入了当下四面楚歌的境地。以往的全球思维(global thinking)是建立在全球与局部二分基础上的辩证思维。而许煜倡导的行星性思维首先是对多样性的诉求,包括生物多样性、心智多样性和技术多样性。他认为,在行星思维方面,我们任重而道远,需要长时间思考、讨论、碰撞,才能生长和演化出丰富而成体系的思想。但是他认为目前至少可以说行星思维不是什么。它不是民族主义,而是必须超越民族国家等现有的国际治理框定的界限。"行星思维不是禅宗的开悟或基督教的启示,而是认识到我们正处于并将继续处于一种灾难状态。"行星思维不仅仅是保护多样性,而是创造多样性。

  如果说李思和许煜提出的"行星思维"是对现代性的基础观念的反思,那

么本杰明·布拉顿（Benjamin Bratton）的思考似乎不认为我们需要对现代性的底层逻辑"推倒重来"，而是在其基础上进一步推进甚至极化。他提出了"行星智能"（planetary sapience）的畅想。布拉顿想象，在行星尺度计算普遍的未来科学时代，人类可以计算和掌握到包裹地球的卫星云团、金属和光纤制成的电缆。这些物质的集合或许会为地球演化出一个"智能的外骨骼，一个分布式的感觉器官和认知层"，也就是"行星智能"。他认为，人类必须重新思考"人工智能"的概念，"人工的"并不是"伪造的"或假的，而是"设计的"。布拉顿指出："人工物指的是仅仅与原物相似的东西，而合成物则是专门制造的真实而有意义的东西。"于是，对未来的畅想不是回到原始的自然，而是人类应该构思一个"有目的、有方向和有价值的行星级'地球化改造'（terraforming）"。布拉顿提出的"行星性"或许和"全球性"有质的区别，因为后者是"静态、扁平、欧洲中心主义的过时概念"，但是，在我看来，它仍然是在以人为中心的科学主义的道路上，而且是在一个加速的跑道上。他显然对机器智能和机器认知的突破发展抱有超乎寻常的信心。他并没有对当下现代社会主流底层思维带来挑战。但无论如何，它仍然是个"异想天开"的启发人们思路的十分有创意的想象。

乔纳森·布莱克（Jonathan Blake）和尼尔斯·吉尔曼（Nils Gilman）对行星性反思的切入点则是当下全球的政治现实和有效治理的缺失，所以他们关注的是所谓的"行星现实主义"（planetary realism）。美国的行星现实主义的观念早在20世纪70年代就有政治人物提出，当时的考虑虽然不是气候变化，而是海洋与核战争，但是担心人类倾心于狭隘的国家主义、民族主义争斗而忽略人类共同利益的话题已经被提出。[3] 这种呼声在日益白热化的冷战时代并没有引起多少重视。布莱克和吉尔曼梳理了各种全球性挑战以及现有治理秩序的疲弱性后再次提出这个概念。他们认为，"全球化"的概念是人类中心主义的，是"以人为中心去理解过去几十年间发生的某种'一体化'，即人、货物、思想、金钱等的加速流动"，而"行星性"是"超越民族国家，涉及整个地球的问题、

---

[3] 参见 Jerry Brown, Stuart Brand, "The Origins of Planetary Realism and Whole Earth Thinking", *Noema*, vol. 2, 2021, pp. 12–23. https://www.noemamag.com/the-origins-of-planetary-realism-and-whole-earth-thinking/。

过程和状态"。他们认为，当下以民族国家为基础的治理秩序和机构（包括联合国以及众多的多边机构）是无法胜任行星层级的挑战的。我们应该思考建立多层次的治理系统，其中既有行星层级的机构，也有地方性机构，这些机构以最适合解决问题的方式组合、协调、融通，有效处理我们面临的行星性挑战。在我看来，这固然是很理想化的制度设想，但是，如何设置这个行星层级的治理结构，其沟通、决策机制应该是怎样的，和当下的国际组织与多边机构有何异同，与民族国家体系如何衔接等等门槛性大问题，他们并没有提出可供参考的线索。不过，作为一个新的思路和构想，提出来公开讨论就能开始改变人的意识，促进反思甚至重塑人们的观念。在这个大转型、大变化的时代，大胆提出问题本身就十分有意义。

在行星思维的具体应用上，沈联涛提出了"一个地球（one-earth）资产负债表"的建议。这是行星治理在宏观经济框架里的体现。现在的经济计量和政策只关注了"生产资本"，对"自然资本"熟视无睹。结果，在人类经济高歌猛进、人类社会痴迷科学进步的时代，对人类福祉至关重要的生物多样性和不可再生资源却遭到前所未有的灾难性破坏，人类和整体生态圈前途堪忧。沈联涛提议，我们应该视地球为一个生命体，修订当前的会计计量框架，将人类与自然的互动纳入其中。如果有一张地球资产负债表，我们将能够有效地识别生态、社会、财富的重大失衡，而不至于盲目地踏上攫取自然而"永续发展"的不归路。一个地球资产负债表的观念同时也可以让人类正确认识到任何单个经济体认定的所谓外部性（externality）其实影响着人类整体与全生态，并非简单地是"别人"的问题而不需要计入己方社会经济政策的考量范围。

乔纳森·莱德加德（Jonathan Ledgard）则把行星思维扩展到对濒临灭绝物种的保护上。他用当下炙热的虚拟货币概念，提出了"跨物种资金转移"的新动议，希望人类在思考未来时，不仅仅考虑人类子孙后代的福祉，同时也顾及非人类物种的存续与繁荣。这是一个大胆甚至有些离奇的构想。莱德加德呼吁建立一个具有特殊意义的中央银行，为濒危物种打造数字孪生身份，并为这些物种发行他称之为"生命马克"（life mark）的虚拟货币。在这个方案中，借用了比特币"挖矿"的制度与功能，数字稀缺资源（即被"挖掘"的对象）是关于濒危物种的知识和物种被发现的证据，而认证这个过程是由计算程序做出。

掌控和运用这些金融资源并实行物种保护的实体是受认可的算法和人类代理人（computational and human proxies），这些人类受托人多半是非政府生态保护组织及与濒危动物世代相处的原住民和乡村人群，因为他们才能最有效代表非人类物种的存续与繁荣利益。但是，这种虚拟货币如何抑制资本的侵蚀和滥用仍然是个极大的挑战。无论如何，在思想层面上，莱德加德大胆尝试运用数字时代的创新技术来激励创新群体的向善，改变新事物利益输送的方向，为其他物种发声，这种努力难能可贵。

行星现实主义和行星治理对解决当下人类面临的共同挑战固然重要，而且时不我待。然而，在思考解决当下问题的同时，我们是否也应该重思现代性的底层思维？思考行星思维下的核心理念应该是什么？李思等人开始质疑肇始于近代西方的人与自然、人与物两分法的现代性思想基础。吉尔曼、布莱克和布拉顿也都倡导修正近现代当道的人类中心主义与欧洲中心主义。但是我们在底层思维框架上应该做怎样的思维转向、重塑和升维，他们并没有提出新的思路或阐述。在行星的时代，我们究竟需要什么样的行星哲学？

现代地球人对自我情状的反思严重依赖我们功能器官所主导的科学发现和技术运用，忠实地沿用"眼见为实"的思考与验证方式。现代人的"行星观"也是在人类登月拍下《蓝色大理石》地球照片后才逐渐在人们的头脑里形成的。当下的行星思维也是在行星级计算能力的技术运用的基础上才日渐清晰。总之，现代人类对自身和自然的反思需要前沿科学和技术的明示和牵引，我们需要被科技"唤醒"，才能冷静地观察和思考人类和全生态的情状，思考作为地球人的责任与担当。

然而，古往今来东西方的贤哲却都是综合了观察和体悟来构建人与人、人与自然、人与物之间的关系，并通达真相或本源。中国古人的万物同源观、整体观、天人观、以天下观天下的格局对解决当下生态灾难、公共卫生危机和地缘政治困境都有深刻的启发，甚至指明了人类作为的方向。对于当代东方的思想者来说，重思现代性是兼顾过去、现在与未来的多面向的融合性的思维过程。立足当下的我们，在几千年思想的集萃中可以找到无穷的启发与智慧，让我们深刻理解当下、重塑意识与调整对策，并智慧地有远见地迎接未来。我们其实从来就没有跟塑造和影响了我们几千年的圣贤之教分手。万物同源、天人合一、

"古往今来东西方的贤哲却都是综合了观察和体悟来构建人与人、人与自然、人与物之间的关系,并通达真相或本源。中国古人的万物同源观、整体观、天人观、以天下观天下的格局对解决当下生态灾难、公共卫生危机和地缘政治困境都有深刻的启发,甚至指明了人类作为的方向。"

"从传统的思想体系汲取思维养分并不是鼓吹回到旧秩序、放弃现代性带来的科技发展、人文进步和心智开放,而是从古代贤哲那儿获取创新的灵感,开辟看问题的不同视角,提升我们思考的维度。"

和谐大同的思想一直塑造着我们的世界观和人生观。从传统的思想体系汲取思维养分并不是鼓吹回到旧秩序，放弃现代性带来的科技发展、人文进步和心智开放，而是从古代贤哲那儿获取创新的灵感，开辟看问题的不同视角，提升我们思考的维度。

我们邀请了微生物学家和生物哲学家同我们分享生命科学中"共生"的概念和实践，同时也邀请了儒释道、科学哲学、生态学、国际关系学等学科背景的几位学养深厚、思维活跃的学者参与我们组织的小型工作坊[4]，在跨学科、跨领域相互启发和碰撞的基础上，为行星时代的哲学思想基础提出他们的洞见。工作坊聚焦近年来中日社会都热烈讨论的共生思想的缘起、其哲学基础，以及给行星时代哲学思想的启发。虽然"共生"在当代中国和日本都是高频词，似乎已是平常百姓的日常关切，但是，共生理念的哲学基础、它如何塑造我们根本性的底层思维的讨论，在思想界并没有引起广泛关注。"共生"如何作为全球共通的哲学思想的探讨，则更少。我们组织的讨论是开放性的，也是探索性的。特别感谢参会学者的踊跃互动。在本书的第二部分，我们将学者们的初步讨论予以呈现，希望以此激发更多的争鸣和更系统化的探讨。

行星哲学：生物学中的共生与哲学中的共生思想

近几十年来生物学的发展有些大胆的假设和惊人的发现，其中就包括生物共生与共生演化理论。不过细细追究起来，杨仕健认为，生物学中共生（symbiosis）的概念和研究"几乎与达尔文的自然选择理论产生和发展的历史一样悠久"。德国植物学家巴里（Anton de Bary）在1878年第一次提出 symbiosis（共生）概念，表示"不同种类的生物共同生活在一起"的现象。之后有关生物共生、共生演化的理论和实践都有不少进展。比方说，沃林（Evan Wallin）的共生作为物种演化创生力量的物种起源假设，马古利斯（Lynn Margulis）的真核细胞

---

[4] 2021年8月19—20日，北京大学博古睿研究中心举办"'共生'：生命科学与哲学视角"工作坊。这是该中心"生命科学中的'共生'与东方'共生'哲学"项目启动后的第一次主题研讨。详见官方网站报道 https://www.berggruen.org.cn/activity/colloquim-symbiosis-a-perspective-of-life-science-and-philosophy。

> "如果说生物学中的共生是指不同生物形态之间反复循环的竞争与互助关系，这种人与人、人与自然相互嵌套、依存、共同促进与调适的思想在东方传统的哲学中却是无处不在。"

由若干原始原核细胞共生演化而成的连续内共生理论。但是，共生假设和共生作为演化的创新力量等理论均受到欧美主流生物学家特别是奉行达尔文理论的生物演化专家的排斥。近年来，虽然共生方面的研究越来越受到重视，但是，共生起源的理论并没有得到主流学界的普遍采用。

近年来，人体与微生物体的共生不断被生物学界阐述和论证。赵立平在《人体共生微生物研究正在修改"人"的定义》一文中写道，人体微生物的主要存在形式是人人都有的肠道菌群，它增强人的免疫力，调节人体肠道、心脏等器官的发育。它也产生人体神经递质，从而参与调节人体神经的兴奋和抑制程度。这样看来，我们喜爱吃某种食物并非我们自认为的味蕾、大脑在指挥着我们，更多的是肠道菌群在操控着我们舌尖上的欲望。

著名语言学家、文学家林语堂曾经打趣，爱国主义只不过是热爱童年时所吃的食物而已。如果沿着林语堂的思路，再结合微生物生态学的发展，我们可以说，微生物群在操控着我们的爱国主义热情。戏言暂且不表。如果说，微生物体与人体的共生已经让我们作为个体的人的界限变得模糊，同理，这种共生也让我们人与人之间的区隔和界限不再泾渭分明。也就是说，我们不仅从一出生就承接了母亲的肠道菌群，肠道菌群还会从一个人延伸到朝夕相处的他人。从肠道菌群的角度来看，无所谓张三李四王二麻子，它们是徜徉在生态圈的自由体。微生物把人们捆绑成了菌脉相依相存的共生体。我们既是血脉之躯，更是菌脉相连的生物组群。微生物群特别是肠道菌群的构成细胞不是人体细胞，但是它们的功能却操控着人的健康、情谊与整体生活质量。正如赵立平所说，它们的重要性一点也不亚于人体的各种已知器官。无怪乎他要惊叹，微生物生态学正在修改"人"的定义！

不但用独立个体的思路来定义人不再适宜，对生命演化创新力也可以理解成一个综合了相反相成力量的复合过程。杨仕健在梳理了以冲突竞争为创新力的达尔文演化论以及后起的共生演化论后,指出杜普雷(John Dupré)提出用协作(collaboration)的概念来整合生命的竞争与合作的不同图景,而认为生命是一个协作的过程(a collaborative enterprise)。杨仕健认为"共生功能体"(holobiont)的概念可以被重新界定来指代生命体系的一个协作的单元。他认为,"共生功能体是由多细胞动植物有机体和生活在其体内的微生物群落组成的一个共生复合体"。在此,竞争与互助包含在同一个过程之中,它们相辅相成,不构成非此即彼的简单的二元对立关系。依此推理,生物演化又何尝不是这种协作的过程?

如果说生物学中的共生是指不同生物形态之间反复循环的竞争与互助关系,这种人与人、人与自然相互嵌套、依存、共同促进与调适的思想在东方传统的哲学中却是无处不在。前沿科学的新发现不仅激发西方思想界关于人与自然的重新思考,也点燃了东方思考者对"一体""天人""生生"等思想在当下语境的新意义探讨的兴趣。这些思想与当代社会百姓日用而不知的"共生"理念之间的底层关联是怎样的?共生思想的广泛意义何在?行星时代的本源性思考又应该是怎样的?

吴根友从宋明儒学的"一体之仁"思想出发,认为儒家把"基于血缘亲情的'仁爱'和'孝道'思想放大到天地万物之间,以此作为处理'亲亲、仁民、爱物'三者关系的宇宙新秩序"。这个思想可以被称为"古典儒家式的共生主义"。这个共生主义的哲学基础,在张载和王阳明看来,是天道自然的"气本论"。气的本体太虚无形,"感而生则聚而有象"(张载《正蒙》)。这种以气为体的世界表现出的是"物无孤立之理"(张载《正蒙·动物篇》)的共生理念。诚如生物学家提到的,这个共生世界是一个协作框架中的竞争与互助。吴根友用古人的话来说,这个以气为本的共生世界中有"攻"亦有"取",只不过"攻取"有其天序。在气本论之下,人与万物之所以有共通感,就在于同具一气之灵。那么,这种儒家式共生主义指导下的人文伦理又应该是怎样的呢?吴根友指出,在这个共生理论下,人应该始终保持对物欲的特别警惕,"要用'一体之仁'的觉解来主导人的私欲,不能让人的私欲导致人'一体之仁'的道德情感的丧失"。此外,宋儒秉承了"生生"的易学思想,强调共生世界中万物的生意,尊重和欣赏万物充沛的生命力,对那些非同类的存在要有"道德上的同

情认知"。

如果说儒家的进路是从血缘关系出发，推己及人，推人事及天地，道家哲学家陈霞则认为，道教的共生观是建立在个人、社会与自然在身体结构的一致性（即同构性）上。三者之间存在着一致的哲学基础与修炼原则。道家对身体极其重视，陈霞指出，道家的"身体"既不是"单纯的生理性存在，也不是抽象自我或纯粹意识"。它是物质与精神的合一。身体和自然同构，并存在对应关系。"道家、道教通过把自然身体化和身体自然化也实现了主体即客体、客体即主体的统一性。""从个人的身体，再延伸到他人的社会身体，最后扩展到自然宇宙身体。"于是，"对个人而言，身体是生命的原点和终点；在社会领域，道教追求身国同构；在自然领域，道教提倡天地大人身，人身小天地"。由此，道家发展出了以身体为中心的天人同构、万物"共生"的思想。在这个思想指导下，"我"的身体和他人的身体因神、气的相通而达到形体的相通。于是"众生的痛苦即'我'的痛苦，众生生病即'我'生病"，我们对他人、对自然的关爱就等同于对自身的关爱。

那佛法又是如何与共生思想产生关联的呢？龚隽表示，佛法的共生是建立在其核心观念"缘起"上的。根据缘起法，万事万物都互为条件。"这意味着每一存在的东西都不是单一的自为存在，而是有条件的、相互依存之存在。""'缘起就是共生'，这包含自然界与人类社会活动的所有方面，一切存在的法都是在互为条件的情况下才有可能。"人们对佛法的认识充满误会、曲解和一知半解。龚隽提醒读者，在佛法的框架中，缘起法是现象世界的原则，不是佛法弘扬的究竟真相。而缘起共生或现象界的存在物皆与人的意识相关，一切法只有在意识结构或心意识的关系当中才存在，没有一个独立于我们意识之外存在的自然物。龚隽进一步指出，这种基于"缘起"的共生是应该被逃离的！因为"每一个众生不管身处何种状态，内心都有一种觉悟的本能，关键在于如何唤醒觉悟的本能，从而通过不断地引导走出共生，回到一个'自身具足'的世界"。龚隽还用华严宗里的因陀罗网概念来诠释共生，认为我们生活的环境如同一个巨大的网络，通过"心识"编织并展开我们的生命和生存的环境。"所有现象、所有存在之间互相依存且重叠成一个复杂的网络结构"，其中"一切现象之间互相映现、重重无尽，你中有我、我中有你"。所以，在佛法意义上的"共生"

不是简单的线性因果关系,而是重叠的、纠缠的、无法分开的绵密而繁复的关系。在究竟的层面,佛法超越现世道德伦常的讨论,教导人们直面这个繁复的"共生世界",通过觉思悟到人生宇宙的真相,从而找到解决人类烦恼的超越的根本之道。

　　日本学者石井刚梳理了"共生"观念在日本的沿革。和在中国的情形类似,"共生"话语体系在现代日本何时流传开来,已无可考。或许就像日本东京大学以共生为目的的国际哲学研究中心的所长小林康夫所说,"与其说是形而上的、神秘的'真理',还不如说是平庸的、像散文般的'事实'"。石井刚借助中国哲学话语,思考共生条件下的新哲学应有的方向。在指出人类与自然博弈的过程中不可避免发生矛盾甚至暴力,以及人与人之间难以消弭的猜忌与冲突后,石井刚认为,要解决和超越这些矛盾,人们似乎只能"站在'仁'的高度,追求'仁者爱人'的同时,也要把这个口号升级为'仁者爱物'",并由此"努力改变我们认识世界的方式,重新打开塑造新世界的可能空间"。那么,石井刚又是如何引导人们改变认识世界的方式的呢?他首先援用儒家传统,对人

在参天化育中的独特地位予以确认：人通过认识与智慧型构万事万物的"理"，而我们的语言则是承载这个"理"的载体。这种作为理的载体的语言，就叫"文"。后来，"文"被用来统称文章和文化。石井刚认为，"文和自然之间总有些不可取消的差距"，因为"文毕竟是人的主观认知的体现，和自然本身永远不可能被等同"，其间的差异和不匹配，石井刚称之为"文"与自然的"缝隙"，而这个缝隙"无始无终地存在、不可磨灭……文的缝隙就是有待分辨的混沌世界"。他认为，正是这无边无际和捉摸不定的"混沌"或者说"他者"，驱动着人类孜孜不倦的追求和探索。石井刚通过他的"文的缝隙"和"混沌"的阐述，引入形而上的玄思。他提醒人们思考共生议题时，要深刻意识到"我们所存立于此的世界相比于这种他者的世界，极其渺小"，而这个"莫名的他者引导我们去认识世界、描述世界、塑造世界"。于是，他认为，如果人类要成为当之无愧的主体，"关键就是要树立一种能寄希望于他者的世界观"，而这种世界观或许超越了地球的范围。追求共生，或许应该始于一个新的宇宙观。

展翼文从西方哲学和科学哲学的学科背景出发，通过对西方哲学中几千年

"儒家和道家提出的'一体之仁'、道生万物的思想融入了宇宙生成、万物化育的观照，在这种宏阔的思想框架下，人与自然、人与物在本源上是同一的，也都得益于阴阳化生之气而形成万殊之相。佛法用因缘法对现象界的阐释，说明了众生之间绵密繁复的'剪不断、理还乱'的非线性因果关系。这些哲学思想的论述都指向宇宙本源层面上的探讨，诠释了人与人、人与自然、人与物之间的本来就存在的同一性、关联性与相互叠加和嵌套的关系。这种形而上的思想，就是人与人、人与自然、人与物共生而应该共存、共融的最根本的理由与根据。"

来关于构成世界本源的几种理论与学说的梳理，揭示出追求抽象、简化而具普遍性的本体论与现实的纷繁复杂不可化约的存在之间的深刻张力。哲学界与如何理解"整体"、如何理解"个体"这种千年难题的"缠斗"一直没有定论。近年来，科学哲学界开始接受一种新的理论。根据这个理论，不是所有的理论对象都可以还原成基本粒子，某些复合体具有不可还原的性质，而这种不可还原的性质被称为"涌现"出来的性质，这样的复合体则被称为涌现实体（emergent entities）。这些涌现实体的不可还原的性质有其本体论意义，也就是说，"涌现性质在我们世界图景中……扮演着某种基础性的角色"。传统原子式或还原式理解物质的方式也无法解释生物共生的复杂、相互交织存在的形态，在界定生命单元、生物个体上更是"力不从心"。展翼文指出，"如何准确地理解共生，对于我们如何发展一种关于涌现的、开放的本体论而言，既是挑战也是机遇"。从形而上学的角度，我们需要重新思考"群体"的意义、"群体"的存在与"个体"的存在之间究竟有着怎样的逻辑关系。这是个极其复杂的思辨领域，但至少共生现象再次提醒人们在本体论、"实在"概念的讨论上应该保持开放与灵活性。

总之，生命科学近年来的发展再次激发了何为人，人与人、人与物之间区隔与边界的思考，启发了对何物存在、宇宙最基本构成等本体论的进一步探讨。受到这种讨论与话语的刺激，反思现代性的东方思想家重拾几千年的思想传统，从百姓日用而不知的生命实践中"剥离"出共生、共存、互为因果的思维范式，挖掘出这一思维范式的哲学和理论基础，并用它来反省现代性和滋养人类当下无着落的精神世界。细品以上源于中国哲学思想资源的探讨，我们发现"共生"引发的思考其实超越了因前沿科技而激发的"行星"思维，而更像是"宇宙"思维。儒家和道家提出的"一体之仁"、道生万物的思想融入了宇宙生成、万物化育的观照，在这种宏阔的思想框架下，人与自然、人与物在本源上是同一的，也都得益于阴阳化生之气而形成万殊之相。佛法用因缘法对现象界的阐释，说明了众生之间绵密繁复的"剪不断、理还乱"的非线性因果关系。这些哲学思想的论述都指向宇宙本源层面上的探讨，诠释了人与人、人与自然、人与物之间的本来就存在的同一性、关联性与相互叠加和嵌套的关系。这种形而上的思想，就是人与人、人与自然、人与物共生而应该共存、共融的最根本的理由与根据。

"在人类四面楚歌之际、在面临共同挑战和共同诉求的当下，无论是共融主义还是共生主义都是人类在寻求走出困境的有意义的讨论。正如迦耶希望的，这种追求和探讨应该是多面向、多形态的，是全球人类共同的志业。他把这个事业称为'正在形成的国际'（international in formation），我倒是觉得叫正在形成的行星性（the planetary in formation）或许更加合适。"

无独有偶，几年前一群欧美的公共知识分子发起了一场 convivialism 运动。他们首先在 2013 年发布了一份《相互依存宣言》（A Declaration of Interdependence）。显而易见，这个宣言的名称颇有戏谑美国《独立宣言》的意思。他们宣称关系性（relationality）是我们人类生存的本质，强调人与人、人与自然的共同自然性（common naturality）、人类文明之间的共同人性（common humanity）、人与人之间的共同社会性（common sociality）。"convivialism" 一词在欧洲语言中虽然有不同的诠释，但都有紧密交互、求同存异以及共生共融的含义。或许是这个原因，这个词最初被翻译为"共生主义"。2019 年，法国社会学家迦耶（Alain Caillé）主导发起第二次共生主义宣言。他们指出，当下全球社会的诸多痼疾，包括环境恶化、贫富悬殊、民怨沸腾、年轻人走投无路和失败主义盛行，究其原因是人类社会全方位地屈服于食利与投机资本主义（rentier and speculative capitalism），而这种屈服的思想根源则是近几十年风靡全球的新自由主义（neo-liberalism）。他们认为是时候让 convivialism 取代新自由主义成为新的全球的政治哲学。

粗略比较会发现，convivialism 和东方的共生观念在概念层面和伦理诉求上有诸多一致性。它们都强调关系性的基础性地位，认可人为自然的一部分，而不是高于、异于自然，呼吁对人的欲望膨胀的警惕和抑制，拥抱差异，憧憬和而不同的、相互尊重与和谐的生活方式和治理实践。但是，因为不同的思想传统、历史经验，二者之间的差别也显而易见。共生主义建立在二元论、进步论、权利论等近现代哲学与社会科学基础上。它仍然以第二次世界大战后欧美国家建立的秩序、规则作为伦理诉求的蓝本，希望通过"正本溯源"，回到理想中的价值多元、个人主义、民主自由、以市场经济为主的和谐共处的社会。或许

他们倡导的"convivialism"更适合被翻译成"共处主义"或"共融主义"。东方哲学启发下的共生观念，更多地在本体论层面上挑战并丰富了现代性的底层思维，颠覆了近现代社会对人的定义与定位，以及对人与万物的关系的认识。万物之间的关系不仅仅是相互尊重、和平共处，更是我们本来源于一体、互为存在，且终将归于一体。在现象界，我们始终处在绵密的、交缠叠加的、互为因果的网络之中，一开始而且自始至终都处在共生、共存、共融的状态。我们并没有超级的自主性，我们仅仅是在重新认识我们的共生本体和互为因果、相连相融的关系。

显然，共融主义和共生主义有相同的价值和伦理诉求，但有不同的哲学基础。正因为如此，我们有了相互沟通、借鉴、学习的绝好机会。在人类四面楚歌之际、在面临共同挑战和共同诉求的当下，无论是共融主义还是共生主义都是人类在寻求走出困境的有意义的讨论。正如迦耶希望的，这种追求和探讨应该是多面向、多形态的，是全球人类共同的志业。他把这个事业称为"正在形成的国际"（international in formation），我倒是觉得叫正在形成的行星性（the planetary in formation）或许更加合适。▶

I

行星思维与
行星治理

PLANETARY
THINKING
AND
PLANETARY
GOVERNANCE

PLANETARY POLITICS FROM INSIDE THE PRISON-HOUSE OF LANGUAGE

语言"监狱"里的
行星政治学

托比·李思——文

诸葛雯——译

> "人类是超越了自然又与机器有别的存在（即与机器有质的区别，不可复归于机器）。"

尼尔斯·吉尔曼　请给我们介绍一下"行星性"（the planetary）的缘起和发展脉络。

托比·李思　我之所以对地球的"行星性"感兴趣，原因有二：首先，它反映出我们正在告别"人类世"；其次，它大概描绘了世界未来的发展方向。在某种程度上，我看到世界在从人类时代向"行星时代"转变。

大约10年前，我开始关注人类科学的根基——"人"的概念：这个概念从何而来？它又如何演变？从我还是一名哲学系学生的时候起，我就只是模糊地知道，关于"人"的一般概念出现的时间相对较近。所以，我开始系统阅读有关这一概念发展轨迹的相关文献。

据我的研究，这一概念首次出现于17世纪30年代的欧洲，一般认为可追溯至笛卡儿或霍布斯的相关论述。"人"的概念体系得以架构，并被赋予了特定的表达形式，简而言之，人类是超越了自然又与机器有别的存在（即与机器有质的区别，不可复归于机器）。

这种对人的概念化——人高于自然，亦非机器——既是对自然或自然为何物的概念化，也表明自然是非人类（万物起源的空间）、非技术或非人工的。这也是对技术的概念化：技术既非人类，也非自然。也许可以说，技术是次生的，是衍生物：技术出现在自然之后。

后来，我逐渐痴迷于这样一个想法：时至今日，人与自然之别，以及人与技术之别，都已变得含糊不定。这两种区别已经不如以前有效。

以微生物群为例。没有人知道尼尔斯（采访人——译者注）和他的微生物群之间的边界在哪里。尼尔斯的思维能力理应超越自然之上，但实际上它是神经递质（neurotransmitter）的产物，而大多数神经递质是由生活在尼尔斯肠道中

"人与自然、人与机器的界限,起码是悬而未决的。"

的细菌产生的。这意味着尼尔斯的思维能力取决于他身上有什么样的细菌种群,因为不同的种群产生不同种类的神经递质。这也意味着尼尔斯所吃的食物会繁殖不同的细菌种群,反过来生产出他的思维能力,等等。

换句话说,"人之所以成为人"在起源上得益于细菌,实际上与农业以及我们的食物有关。因此,由于技术的创新和发现,人与自然之别,现在变得越来越混沌未明,越来越难以为继。

同样,新近出现的深度学习算法似乎也表明,只有人类才有智能(因此人类超越机器)的想法也不成立。因为很显然,机器可以具有某种形式的智能。事实上,有人可能发现机器并不如我们想象的那样。我们还以为机器是厂房里那些恶臭嘈杂的工业品,其实,今天具有学习能力的机器与那些旧机器几乎没有共同之处。

所以,人与自然、人与机器的界限,起码是悬而未决的。自然和技术之间的界限亦是如此。像耳蜗植入这样的神经技术表明,自然过程和技术过程之间、有机体和机器之间可以无缝连接。此外,我们看到越来越多的技术其实是生物技术,它们部分由生物过程构成,比如合成生物学、CRISPR、数据存储和DNA等技术。

考虑到这些"去分化"(undifferentiation)的程序,我认为,过去400多年决定的"人"的构成方式正在进入一个重大转型时期。为此,博古睿研究院开设了"人类转型项目"研究这一主题。但是,问题应运而生:我们如何以其他方式思考"人"?或者说,如何另辟蹊径把人、自然和技术结合起来考虑?

正是在这些追问下,我对地球的"行星性"概念萌生兴趣。简而言之,行星思维使我得以重新审视人类、自然和技术,而技术使这个机会成为可能。更具体地说,行星思维是我们得以从地球系统的角度重新思考一切的机会——这

> "行星思维是我们得以从地球系统的角度重新思考一切的机会——这个系统是过去 35 亿年中微生物和生物地球化学过程共同作用的产物。"

个系统是过去 35 亿年中微生物和生物地球化学过程共同作用的产物。

吉尔曼 关于"人"的现代概念已经存在了近 4 个世纪。相形之下,"行星性"或者说"星球性"(planetarity)是最近才出现的概念。你会如何描述这个概念的谱系?

李思 有一个经典的谱系,它追溯到文学理论家和女权主义学者斯皮瓦克(Gayatri Chakravorty Spivak),然后以她为源流发展下去。但我认为,当代对地球行星性的理论兴趣自有其他的渊源,其中有 4 个方面的研究最为重要。

第一个我称之为"重返宇宙"观。这里指的是法国哲学家拉图尔(Bruno Latour)的观点。拉图尔怀念中世纪的自然宇宙,并认为现代性是一个错误,而在现代以前,人与自然浑然一体。这一观点在拉图尔的《我们从未现代过》和英国科学家洛夫洛克(James Lovelock)的《新星世》两本书中表现得尤为明确。这种"人"的形成以"心智圈"(noosphere,又称人类圈)为中心,"心智圈"是德日进(Pierre Teilhard de Chardin)发明的一个概念。它源于希腊语的"nous"一词,柏拉图和亚里士多德以这个术语来指称组织宇宙的"神圣灵性"。不管怎么说,有人认为气候变化的灾难可以让我们重新发现智性(nous),这构成了洛夫洛克"盖娅假说"(Gaia hypothesis)的形而上学基础。盖娅假说认为,地球是一个由某种智性维系在一起的单一且完整的有机体。于是,解决气候变化问题有了形而上学的支撑。

第二个是当代关于行星层面的讨论,我称之为"牧羊人方法"(shepherd approach)。这一观点出自海德格尔,他认为,控制论可以标志哲学(可以理解为形而上学)的终结。海德格尔的形而上学就是他所说的集置(Gestell,又译座架或框架)。形而上学作为一个框架,是指它把被理解为非客体的存在(being)转化为存在性(beingness)。也就是说,转化为一个离散的、可测量的个体事物。对海德格尔的追随者来说,行星性可能标志着世界向存在性归结的结束和在存在上的突破。这可能是人类从"工程师"向真正的"牧羊人"转变。我认为在中国哲学家许煜的著作中可以看到他对海德格尔的回应,例如,他就在思考如何从存在的角度来构思技术。

第三个是行星"地球化改造"(terraforming)。这是建筑师和设计理论家本杰明·布拉顿和史翠卡研究所(Strelka Institute)的观点,星球性在传感器和卫星等技术下产生,或者,用史翠卡研究所的观点,即行星性通过技术向人类展示自己。这不可避免地要联系跨行星性(interplanetarity)问题一起讨论,因为谁也不能在忽略其他行星的情况下谈论地球。这是一个反海德格尔的举动,使得形而上学或者说概念框架成为关键。

最后,第四个则是你一直倡导的一种理念,我称之为"新制度主义"(neo-institutionalism)。我想借助它表达一个观点:现有的治理和决策制度专门针对人类的事务,而对这种治理和决策制度的理解尚未能应对我们现在所处的时代(大流行病、气候变化等问题丛生)。在气候变化和流行病的时代,我们也将生物圈(biosphere)纳入治理的范围。要做到这一点,我们需要新的治理和决策制定制度,从而与对地球新的理解相匹配。

吉尔曼 你如何看待这 4 种进路?

李思 我对今天形成的差异感兴趣,因此对让我们能够挣脱过去 400 年形成的人的观念或者人类例外论(human exceptionalism)的新生事物也感兴趣。

一提到拉图尔,我心里就很纠结。在我看来,拉图尔的自然观是完全现代的。他认为,自然是技术的"他者"。简而言之,拉图尔将一种现代的自然观投射到古代,因此最终重拾起他试图摆脱的东西——现代性。我必须承认,我同洛夫洛克、拉图尔一样反感试图借由气候变化问题回到古老的宇宙。

海德格尔的进路颇有趣味,因为它从存在的角度提供了一种对世界的诗意体验。但最终海德格尔认为存在是真实的,而存在性或技术则是不良的,这一观点并没有提供多少有效的解决方案。事实上，在我看来，他的观点只是人类例外论的延续，即人类是存在的牧羊人，而世界上其他一切事物都无行动力。

不过我对许煜的观点心生好奇，他认为人们可以从存在的角度打造技术，即诗意地构建技术。

我也对布拉顿和史翠卡研究所的观点很感兴趣——他们认为技术以某种方式使"行星性"这一新的实在观（conception of reality）成为可能，但我对"揭示"（revealing）的说法抱着犹疑的态度（稍后展开讨论）。最后，我对新制度主义的理念也有兴趣，因为我们确实需要确立一种新的制度，不仅可以管理人类行为，也可以管理生物圈。

从某个层面上讲，布拉顿是对的：没有技术，我们就无法理解地球。但对他而言，这关乎"揭示"，而对我来说，行星性本身是由我们已经建立的技术构成的。它与"揭示"无关，在某种意义上，事物总在那里，等待自我呈现；现在更是无关乎"揭示"，因为随着智能技术、人工智能的发展，我们现在拥有了超越生物有机体狭隘范围的分布式智能系统，从而产生了一个称为地球或行星系统的知识对象。这个知识对象以前没有，也不可能存在；它的出现与技术休戚相关。

我自己感兴趣的是，让地球"行星性"这一知识对象得以产生的技术，如何让我们得以重新思考现代性的本体论基础，以及它在人类事物、自然事物和技术事物之间的明显区别。从行星的层面来看，我们有可能形成什么样的人类新概念，从而建立一个不需要区分人类、自然和机器，并以微生物为基础的单一地球系统？人们可能会、将会发明何种新的自然和技术观？或者以政治学为例：从行星的层面来看，共处和政治意味着什么？

吉尔曼　我想请你进一步厘清作为本体论现实的地球和作为认识论问题的地球之间的区别。这里的认识论问题，是指我们如何理解地球。布拉顿认为技术"揭示"地球，而你认为技术塑造地球，对于你们二者观点上的差异，我们可以通过历史化的技术观来解决吗？例如，苏联地球化学家维尔纳茨基（Vladimir Vernadsky）在20世纪20年代创造生物圈概念的同时，也创用了技术圈（technosphere）这一概念。他认为，技术圈是他和其他科学家能够加深对生

"我们总是处于认知的试探性空间。"

物圈的认知的基础,只有在心智圈发达的情况下才有可能。

显然,地球表面传感器网络的密布,以及安置在外层空间的遥感器(也许更为重要),使得我们能更便捷地认识地球。地球亘古存在,但它也通过技术圈变得越加丰富。换句话说,现在借助技术,地球的行星性被发现,也得到加强。

李思 "发现"就意味着它一直在那里,不是吗?咱们详细讨论本体论和概念论或认识论之间的区别。还是回到洛夫洛克和拉图尔的观点以及他们对德日进的偏爱,拉图尔在《我们从未现代过》中有这样一个观点:气候变化反映出我们的世界出现了严重问题。拉图尔的观点是一个道德论证。他对永恒真理的论证,却有意或错误地背离了真理:这个错误正是现代性,而这个真理是一个由非现代人保留的真理,即神圣自然——宇宙。这种道德论证的基础,暗示存在永恒的真理。

海德格尔的观点与此大同小异——他也认为存在永恒的真理,那就是"存在"。(后来海德格尔写下"存在"一词之后,又把它划掉,因为写出这个词就已经使它成为某种被认为物的东西,他不希望这样。)存在是一个永恒的真理,西方形而上学和哲学的终结意味着我们能回到或最终到达起点,也意味着处于存在的状态。因此,重申一遍,这里存在一个"永恒真理"的假设,它的根基是关于什么是"正确的事情"和什么是对原初或真理的"偏离"的道德论证。

一方面,布拉顿和史翠卡研究所的观点接近这种本体论的、最终是道德化的论证。另一方面,"揭示"一词唤起了这样一种想法,即某种事物存在并且一直如此。我们可以称为先验真理,一个事实上独立存在的先验事物,我们现在才最终发现或理解它。

相比之下,受过概念或认识论思维训练的人不禁会问,行星思维成为可能的条件是什么?被称为"行星"的地球的知识对象是如何产生的?哪些技术使之成为可能?然后,你明白需要一整套技术——传感器和卫星,具有强大算力的分布式智能系统。你最后认识到,行星思维是一种新的认知形式、一种新的经验结构。这显然一方面动摇了拉图尔和洛夫洛克的观点,另一方面也是对海德格尔观点的反驳。拉图尔和海德格尔从认知的角度,将依赖概念的东西误认为是本体论。这种和谐,不过是种种幻觉。

简而言之,我们总是处于认知的试探性空间。可以称之为概念先于本体论主张。

吉尔曼　你之前谈到了"人"的范畴在 17 世纪 30 年代是如何出现的。其实还有另一个更悠久的范畴,即"政治"概念。它与"人"的范畴在同一时间被重新阐释,并非巧合,特别是与民族国家相关的政治概念。如果我们确实把行星性作为一种意在激励行动的范畴,那么对于从人的角度严格定义的政治概念,难道不也应该需要反思吗?换句话说,重新阐释后的后民族主义、后人类中心主义政治会是什么模样?

李思　回答这个问题的一个途径就是,理解政治如何建立在"社会"的特定概念之上。"社会"(society)一词很古老,可以追溯到拉丁语"societas",但民族社会(national society)这一现代概念只是在 19 世纪 30 年代黑格尔和凯特勒(Adolphe Quetelet)的叙述中才出现,然后在 19 世纪 90 年代才得到充分阐述。

当时涂尔干（Émile Durkheim）就提出人是由他们所处的社会形成的。涂尔干说："告诉我你出生于哪个社会阶层，我就可以判断你可能会和谁结婚、有几个孩子、在哪里工作、可能会死于什么疾病，等等。"这种将人视为以地域为限的民族国家社会产物的观念，是一种典型的社会本体论。

现在来说，这种社会本体论可能饶有趣味，但在行星时代，它又可能不够有说服力。因为社会事实不是人的本体论基础，而只是一个最近发明的概念，一个关于何以为人以及实在如何组织的最新描述。这种观点声称，人类有社会，而动物和机器却没有。但是，为什么呢？原因就是人类有理性，动物和机器没有，而人类因为有理性，所以可以就他们的共处方式进行协商。他们发明规则将群体聚拢在一起，而被一套规则聚拢在一起的群体被称为社会。相比之下，动物没有理性，不能就它们的共处方式进行协商，而是根据"自然法则"共处。那么机器呢？同样，它们只是遵循不变的力学定律，仅此而已。这个隐含在"社会"一词中的世界本体论，正是我们的行星性所不想要的，因为它只是另一种人类例外论。

在行星时代，我们再次面对共处、规则和治理的问题。问题是：谁和谁共处？在行星时代，谁负责治理？是人类单独治理，还是人类和微生物共同治理？我们应该遵守和服从什么样的规则？

总之，我完全同意政治的现代概念的出现与人的现代概念的出现同时发生。之前提到，"人"的现代概念有两个典型的阐述。一个是笛卡儿，一个是霍布斯。霍布斯有一个有名的说法，他认为一方面，在自然状态下，人是动物中的一种，人对人像狼一样；另一方面，人还有一种政治状态，一种与自然状态截然不同的、适当的人的状态。为什么呢？因为人类一进入政治状态，必然发现他们被赋予了理性。具备理性，意味着我们有能力思考人类应该如何共处——寻找最好的共处方式，让自己过上有保障的生活。霍布斯明确地指出，动物没有理性，它们按照自然法则生活，它们之间没有协商的可能，它们没有自由，自由是只有人类才享有的东西。

对霍布斯来说，这种协商的结果是由规则将人类聚拢成群体，他称之为社会。对霍布斯来说，这是正确的政治过程：制定规则，然后运用规则治理社会。只有人类身上才会发生这样的情况。霍布斯认为，社会还不是民族国家或民族社会。事实上，对他来说，社会只由那些实际参与规则协商的人组成，而在17

语言"监狱"里的行星政治学

世纪，这样的社会显然不包括农民在内。而且，相对于国王，拥有权利和义务的人可以分布在整个欧洲。霍布斯的社会概念没有属地性。

我认为，社会的属地性概念从18世纪下半叶的孟德斯鸠才开始存在。在孟德斯鸠之前，"社会"既指形成社会的人，也指为了治理或组织社会而存在的制度或行政机构。但是，众所周知，孟德斯鸠区分了政治国家和公民国家，前者本质上是指国家，后者本质上是指构成社会的人，即参与协商而形成社会的所有人。

在孟德斯鸠之后，卢梭声称社会不应该由堕落、不诚实的贵族组成，而应该由人民组成。对他来说，这不是关于正义，而是关于"人民"，人民更接近某种原始人性的高贵品质。革命者接过卢梭的观点，宣称"社会应该由我们这样的人民组成"。新的政治原则在法国大革命中诞生，社会被理解为民族团体、人民，以及局限在一定领土内的民族。在大革命之前，治理的对象是属于国王的领土，生活在这片领土的人们充其量是附属品。随着革命的深入，这种情况发生了根本性的变化：现在治理的关键对象是社会，所有政治目标都是为了民族社会的现代化和改革，使之更加公正。

换句话说，现代治理概念基于社会概念，而社会概念又基于一种严格区别人、自然和机器或技术的本体论。在行星时代——在过去400年占统治地位的"人"形成之后的时代，改造目前的治理方式的挑战是，隐含在"治理"和"政治"等术语中的现实观已不再适用。

我们必定从哲学上发问：什么需要被治理？答案是，有人类，有微生物世界，还有机器——机器是与生物连接的机器，而人类是由微生物构成的人类。也许你会说："这种想法太愚蠢了。微生物如何治理或被治理？"如果换个方式思考这个问题，你就应该能看到这个世界大部分都在微生物的治理之下。事实上，它们已经生产并成功治理生物圈至少35亿年了。

真正的问题是：如何实现三者的结盟和无缝连接？然后，治理地球需要何种制度？很显然，机器必须参与其中，因为没有它们，我们无法管理包含巨量数据的系统。微生物必须参与其中，因为没有它们，就没有地球系统或人类。人类也必须参与进来，因为我们将是建立这些制度的人。

"现代治理概念基于社会概念,而社会概念又基于一种严格区别人、自然和机器或技术的本体论。"

"认识到人类、动物、机器都有语言,我们可以不再认为只存在人类的语言,而是存在一系列语言,有多种理解途径。这将使得人类例外论的本体论转向试图阐述一种新的本体论。"

吉尔曼 这让我们想到你在一开始就提到的斯皮瓦克。她曾提出一个非常著名的问题——庶民能说话吗？（Can the Subaltern Speak?）虽然斯皮瓦克在那篇文章中并未提及霍布斯，但从某种意义上来说，她这个问题正是霍布斯不屑回答而卢梭在逼问的问题：政治上被排除在外的主体——农民、庶民——如何获得（或被赋予）发言权？一种思考地球引起的政治问题的途径是通过进一步极端化和拓宽斯皮瓦克的问题，以至于我们现在必须提出疑问：微生物能说话吗？机器能说话吗？碳能说话吗？也许"说话"过于拘囿于某个概念，但潜在的问题是：我们可以根据什么标准吸纳机器、细菌和碳进入地球治理结构？

李思 我们必须从正确的角度理解所谓"人类必须与微生物共同治理地球"之说。其目标不是在国会放置几个培养皿或试管，然后试图借助人工智能系统，让它们能够像人类一样发声。要这么想的话，那就太傻了。其实更多的是想表达，要认识到我们生活在微生物制造的现实中，我们自己是微生物及它们的后代制造的产物，而且我们必须找到一种途径与它们结盟。

语言的问题令人着迷。因为乔姆斯基的语言学理论，所以有人仍然相信只有人类才有"语言"。相比之下，动物或非人类系统之间只有"交流"。这当然是错误的。一个讨论人类、动物和机器语言的课题，如何有助于解决行星性的问题？这正是行星时代的本体论可以被阐述的地方：认识到人类、动物、机器都有语言，我们可以不再认为只存在人类的语言，而是存在一系列语言，有多种理解途径。这将使得人类例外论的本体论转向试图阐述一种新的本体论。在治理方面我们同样需要：政治不再只关注人类事务，转向关注真正的行星性事务。🅑

原文选自 *Noema* 杂志（博古睿研究院出品），在线阅读链接 https://www.noemamag.com/planetary-politics-from-inside-the-prison-house-of-language/，原标题为 Planetary Politics From Inside The Prison-House of Language。

Noema 副主编尼尔斯·吉尔曼（Nils Gilman）2021 年上半年采访了托比·李思（Tobias Rees），后者是博古睿研究院人类转型项目创始主任，纽约社会研究新学院里德·霍夫曼教授，也是加拿大高级研究所研究员。

FOR
A PLANETARY
THINKING
迈向行星思维

许煜——文

余航——译

献给尼古拉斯

行星状况

如果哲学因技术行星化（technological planetarization）或者是由更晚近的行星计算化（planetary computerization）所驱动的历史转向（正如许多充满热情的作者在我们的时代所宣称的那样）而终结（正如海德格尔在他的时代所宣称的那样），那么，我们的任务仍然是去反思它的本质和它的未来，或者用海德格尔自己的话来说，是"另一个开端"（anderer Anfang）[1]。在海德格尔所寻找的另一个开端中，人的"此在"获得了与"存在"的新关系，以及与技术的自由关系。海德格尔通过回到希腊来重新定位思想，乍一看，这似乎是"后退的"：这一步后退是否足以面对他自己所描述的行星状况？恐怕未必。

在20世纪30年代的海德格尔看来，这种行星化意味着意义建构在行星范围内的缺乏（Besinnungslosigkeit），这并不仅仅适用于欧洲，也适用于美国和日本。[2] 这种缺乏意义建构的情况，在今天更加明显。即使欧洲的哲学完全自我改造，颠覆性的技术也将继续在全球快速发展。任何想要回到存在（Being）的提议，即便算不上荒谬，也可能会显得很尴尬。[3] 这并不是因为欧洲来得太晚了，而是因为它太早到了，已经无法再控制由它所开始的行星处境。这种情况，让人想起海德格尔关于哲学的终结的另一含义："世界文明的开端建立在西欧思想之上。"[4]

意义建构（Besinnung）不能通过否定行星化而恢复。相反，思考必须克服这种情况。这是生死攸关的事。我们可以把这种已经开始形成但尚未定型的思

> **"'行星化'可能是当今哲思最重要的状态。**
> **这种反思并非来自对现代技术的妖魔化或对技术统治的庆祝，**
> **而是一种从根本上开放技术可能性的愿望……"**

维称为"行星思维"（planetary thinking）。为了阐述行星思维可能是什么样子，以及它与技术行星化的关系，必须进一步了解行星化（planetarization）的本质。

行星化首先是物质和能量的全面动员。它为地上和地下所有形式的能量（石油、水力、电力、精神、性等）创造了不同的通道。它在很大程度上可以与"全球化"（globalization）一词互换，或者近似于拉图尔所说的"减法全球化"（globalization-minus），但是后者不是开放，而是不同视角的关闭。⁵ 全球化是在边界模糊的"幌子"下出现的，它向其他国家开放，促进资本和物资的流动。然而，这在很大程度上是出于经济考虑。对市场的征服伴随着对土地的征服：历史表明，贸易和殖民一直是深深交织在一起的。当陆地、海洋和空气被占用并被边界限定时——这表明现代民族国家是唯一的后殖民现实——殖民能够继续采取的唯一形式就是对市场的征服。现代外交不是通过直接的军事入侵，而是通过"软实力"或"文化"来推动这一过程。

征服市场意味着更快速、更顺利地流通物质产品和资本，这必然会造成贸易逆差和顺差。美苏冷战结束后，全球化大大加速了这样的流通。对此，今天的文明已经无法承受了。为了适应人口和消费的增长，需要增加多少土地、海洋和人类？在地球的另一端，亚马孙雨林的森林砍伐在这 40 年间增长了 16%，在博尔索纳罗（Bolsonaro）执政时期，速度已经达到每秒 3 个足球场的大小。有多少物种因此永久地消失了？全球化意味着资源的枯竭，因为人类物种的增加达到最大的加速（acceleration）。为了维持这种地缘政治秩序，一些利益相关者继续否认生态危机正在发生。不管我们喜不喜欢，"行星化"可能是当今哲

思最重要的状态。这种反思并非来自对现代技术的妖魔化或对技术统治的庆祝，而是一种从根本上开放技术可能性的愿望，而这种可能性如今越来越受到科幻小说的支配。

误认的辩证法

迅速的技术加速使全面流通成为可能。它还要求人类和非人类适应不断强化的技术进化。人的血肉之躯被用来弥补算法的缺陷，外卖行业及其在线平台为此提供了一个清楚的例子。这些人机一体的"游牧骑士"由人类软件下达的订单驱使。所有这一切都是由一种由饥饿和欲望支配的心理地理（psychogeography）所驱动的。为了避免数据的惩罚，这些"游牧骑士"冒着发生交通事故的致命风险。当骑行工具受损时，快递员所承受的痛苦比他的有机身体受伤时还大。痛苦来自无法满足订单交付的效率配额。马克思对工厂所做的一切描述，不仅仍发生在富士康与其他公司，也普遍存在于其他所有产业。换句话说，所有领域的工人都会自动地受到数据的监控和惩罚。基于普遍可计

算性，这种做法承诺在所有层面上，从对象到生物，从个人到国家，实现更有效的治理。它也展示了海德格尔所称的 Gestell（集置），或 enframing：根据现代技术的本质，每一个存在都被认为是一个固定的储备或可计算的资源。

"集置"表现为动力政治（kinetic politics），斯洛特戴克（Peter Sloterdijk）将其描述为现代性的关键特征。斯洛特戴克将这种动力学与"全面动员"联系在一起，这是云格尔（Ernst Junger）用来描述战时动力学（wartime kinetics）的一个臭名昭著的术语。[6] 全面流通表现为物质、信息和金融产品的"可利用性"（availability）和"可得性"（accessibility）。在食品配送的例子中，全面流通表面上允许最"正宗"的食物出现在一个人的厨房餐桌上，并承诺它热腾腾且原汁原味。商品的全面流通包括人类劳动的循环及其孪生现象，即对"自然"（nature）的否定。这种全面动员也建立了一种全球认识论和美学，由加速的必要性驱动。把世界理解为一个球体，自古以来就是一个未竟的形而上学课题。这个课题通过现代技术的完成，并不意味着平滑过渡到一个没有形而上学的后形而上学世界。相反，这种形而上学的力量仍然牢牢控制着人类的命运。

一个持续存在的问题是：这种形而上学的力量将走向何方？或者，它想要

"全球思维（global thinking）是建立在全球与局部二分基础上的辩证思维。它往往会产生两个怪物：一方面是帝国主义，另一方面是法西斯主义和民族主义。前者普遍化了它的认识论和伦理学；后者夸大了外部威胁和传统价值观。"

去哪里？

我曾在其他地方讨论，被誉为单边殖民进程的全球化，现在正面临着主奴（lord-bondsman）辩证关系。[7] 过度依赖某个国家作为工厂和市场，最终会导致主奴关系的颠覆。"奴隶"获得承认的欲望（Begierde）（在这里它是民族主义的），通过劳动和技术实现，推翻了主奴关系。而"主人"，从这个矛盾的时刻醒来，必须重新建立自己的边界并且减少它的依赖性，这样，奴隶就不能再威胁它，而将再次成为它的附属物。这一时刻，很容易被解读为全球化的终结：西方必须通过局部化和孤立对其支配地位的各种威胁，重新定位自己，并重新组织战略。全球化可能已经走到了尽头，不是因为反全球化运动的强大（它悄然消失了），而是因为作为一个历史阶段，它暴露的缺陷多于它承诺的好处。这个矛盾和对抗的时刻还没有得到解决，换言之，尚未在黑格尔意义上得到更好的调和。表示"和解"的德语词是 Versöhnung，黑格尔用这个词充分表达了这个过程：等式的一部分必须承认另一部分是父，同时承认自己是子（Sohn）。

无论谁在剧中扮演子的角色，动力政治的本质可能不会改变。只要前一种全球化形式继续存在，奴隶国家就会诉诸全球化，指责主人国家反对全球化的行为。当（先前的）主人国家切断与奴隶国家的联系时，其本身也会遭受损失：他们失去了过去一个世纪以来一直在享受的利益。一种不愉快的意识出现了，但仍未得到解决。我们可以从远处观察这种辩证关系，但仍然要质疑它的本质和未来。我们没有理由责怪黑格尔——相反，应该继续钦佩他将理性推向绝对的方法——但必须分析他的追随者所犯的错误。首先，世界精神的辩证运动只是历史的重构。就像密涅瓦的猫头鹰，只在黄昏降临时才展开翅膀，总是太晚了。而当它被投射到未来时，这种辩证运动很容易成为 Schwärmerei（过度的感情或热情）的牺牲品，就像弗朗西斯·福山（Francis Fukuyama）与其《历史的终结与最后的人》（End of History and the Last Man）一书的遭遇一样。其次，主奴的辩证运动并没有改变权力的本性，只是改变了权力的形态（否则，继承了封建社会的资本主义社会就不会被废除）。正如在经典的黑格尔-马克思辩证法中，我们看到无产阶级的胜利并不超越它自身对权力的支配。这种辩证法以战胜主人为前提，却没有意识到同样的力量会在一个新的怪物身上转世。战胜"主人"的愿望只能导致市场的"胜利"，因为主人国家会被指责为反市场和反全球化。这种权力的转移只是一个开放市场的承诺，导致更密集的行星化（planetarization）和无产阶级化（proletarization）。我们面临的僵局，要求对概念和实践进行根本的改造。

多样化的必要性

全球化思维——既是僵局的开始，也是僵局的结束——不是一种行星思维。全球思维（global thinking）是建立在全球与局部二分基础上的辩证思维。它往往会产生两个怪物：一方面是帝国主义，另一方面是法西斯主义和民族主义。前者普遍化了它的认识论和伦理学；后者夸大了外部威胁和传统价值观。新冠大流行加速了近期地缘政治的变化。在宣布全球化的结束时，除了认为它标志

过一种悲剧主义者的姿态，拥抱了德勒兹（Gilles Deleuze）和瓜塔里（Felix Guatarri）曾经用来指责萨米尔·阿明（Samir Amin）的论调："或许资本流动的脱域化程度还不够……人们必须加速这一进程。"[9] 行星思维不仅仅加速，而是多样化。它被行星化唤醒，同时召唤所有的努力去超越它并改变它。构成我们称之为"行星思维"的多样性的三个概念，是生物多样性（biodiversity）、心智多样性（noodiversity）和技术多样性（technodiversity）。

生物多样性从根本上讲是一个本地性（locality）问题。它由特定的地理环境定义，由人类与非人类之间的特定关系维系。这些关系通过技术发明，以仪式、习俗与工具来记录和调解，从而成为一个民族的组成部分。现代化及其生产主义形而上学（productionist metaphysics）虽然承认这些差异，但视之为偶然。这并不是说西方的前现代或非西方的非现代就比西方现代好，而是说人们不应该过快地放弃其中任何一种价值。人类是一个更大系统的一部分，因此采取反人类的姿态不会让我们走得太远。正如许多学者所言，人类与非人类关系的更新在今天更加紧迫和关键。其中值得注意的是，德斯科拉（Philippe Descola）等"本体论转向"（ontological turn）的人类学家，以及以哈拉维（Donna Haraway）为代表的"多元物种"（multispecies）学派，滑稽地形成了按文化主义或自然主义的"偏好"划分的两大阵营。

大约100年前，德日进提出了心智圈的概念。简而言之，这个想法就是，自人类化（hominization）开始以来，全球的技术包膜（technological envelopment）将会聚在一起，最终形成一个"超级大脑"（super brain）。[10] 在这里，这种技术进化意味着西方化。按照德日进的说法，东方是"反时间和反进化的"，而西方的方式是"一种融合的方式，包括爱、进步、合成（synthesis），把时间当作真实，把进化当作真实，把世界看作一个有机的整体"。[11] 从宗教的角度来看，德日进的心智圈是一种"基督创生论"（christogenesis），一种爱的普遍化（universalization）；从技术角度来看，它是一系列特定世界观和认识论的普遍化。"超级大脑"或"所有大脑中的大脑"是进化和进步的西方思想的胜利。这里心智圈的顶点当然不是一种多样化，而是一种被误认为基督教的普遍之爱或"太一"（the One）的会聚（convergence）。心智圈必须是碎片化的、多样化的，这种碎片化或多样化只有在我们进一步把思维多样性和技术多样性的思考结合起来时才有可能。通过技术多样化的发展，我们可以重新配置人类和非人类的关系以及政治经济。

生物多样性和心智多样性都受到技术多样性的制约。如果没有技术多样性，我们在处理非人类机构和世界本身时就只有同质方式——就好像同质就是普遍的标准。如果我们认为技术是中立和普遍的，那么我们可能会重复20世纪汤因比（Arnold Toynbee）关于亚洲国家在19世纪天真地引进西方技术的说法：他声称东方人在16世纪拒绝欧洲人，因为后者想出口宗教和技术，而在19世纪，当欧洲人只出口技术，远东国家以为技术是一个中立的力量，可以依靠自己的思想（中体西用、和魂洋才、东道西器）来掌握。[12] 施米特（Carl Schmitt）引用汤因比的同一段话描述工业革命和技术进步如何导致海上"此在"的霸权（the domination of maritime Dasein）："东方必须允许自己被我们开发。"[13]

认识论外交

施米特的《大地的法》（*Nomos of the Earth*）以对科技史的反思开始，也以对科技史的反思结束；经过几个世纪的陆海力量的竞争，在20世纪我们看到了空军的崛起，范围从战斗机到远程导弹。21世纪的权力不在于议会，而在于基础设施。一些目光敏锐的作家注意到，2003年和2013年发行的欧洲纸币上不再有政治或历史人物的画像，而是基础设施的图样。在从企业到军事防御和国家行政的所有方面，技术竞争比以往任何时候都更像一个战场。基础设施不

"行星思维的重点不是保护多样性
（因为这样做是为了对抗外部破坏），而是创造多样性。"

仅仅是一个唯物主义的概念；除了其经济、操作和政治目的之外，它还嵌入了可能不立即可见的价值论、认识论和本体论假设的复杂集合。这就是为什么多样性的概念，这个行星思维的核心，还没有被考虑。欲进一步描绘行星思维可能是什么样子，这是在这里无法完全完成的任务，我们可以从它不是什么开始。这样，就可以给行星思维一个轮廓。

行星思维的重点不是保护多样性（因为这样做是为了对抗外部破坏），而是创造多样性。这种多样化是基于对本地性的认识——不仅是为了保留其传统（尽管它们仍然是至关重要的），而且也是为了服务于本地性而创新。我们作为陆地生物，早已经登陆，但这并不意味着我们知道我们在哪里；我们被行星化

"新的外交必须到来：
一种建立在技术多样化基础上的认识论外交。"

弄得晕头转向。就像从月球上看地球一样，我们不再注意我们脚下的土地。[14] 自哥白尼以来，无穷无尽的空间一直是一个巨大的空洞。这种空洞固有的不安全感和虚无主义倾向被笛卡儿的主体性反驳，这种主体将所有的怀疑和恐惧都交还给了人类自己。今天，笛卡儿式的冥想被人类世的庆祝所取代，人类在经历了长时间的"从中心滚动到 X"之后回归了。[15] 今天空间的无限，意味着资源开发的无限可能。人类已经开始逃离地球，奔向我们几乎一无所知的暗物质。多样化是行星思维到来的必要条件，而这反过来要求返回地球。

行星思维不是民族主义思维。相反，它必须超越民族国家及其外交概念已经设定的界限。一个民族或一个国家的存在，其最终意义是什么？这仅仅是一个专有名称的存在和振兴吗？自民族国家成为地缘政治的基本单位以来，这就

是 20 世纪外交表达自身的方式。新的外交必须到来：一种建立在技术多样化基础上的认识论外交。这种新外交更有可能是由知识生产者和知识分子发起的，而不是外交官，后者正日益成为社交媒体的消费者和受害者。

行星思维不是禅宗的开悟或基督教的启示，而是认识到我们正处于并将继续处于一种灾难状态。施米特认为，上帝已经把他的能力传给了人类，人类也把它传给了机器。[16] 我们必须根据技术的历史和未来去思考地球上新的法（nomos）——而施米特从未充分阐述过的正是这种技术的未来。如何开发新的设计实践和知识体系（从农业到工业生产）仍有待讨论，这些实践和知识体系不为工业服务，但相当有能力改变工业。这同样促使我们质疑大学及其知识生

> **"行星思维不是禅宗的开悟或基督教的启示，而是认识到我们正处于并将继续处于一种灾难状态。"**

产在今天扮演的角色，它们不该只是颠覆和加速技术发展的人才工厂。这种知识与实践的重组是 21 世纪大学反思的主要挑战。

生物多样性、心智多样性和技术多样性不是独立的领域，而是紧密联系、相互依存的。现代人以一种技术无意识（technological unconsciousness）征服了陆地、海洋和空气。他们很少质疑自己发明和使用的工具，直到第一篇正式出自黑格尔主义者的技术哲学的论文。技术哲学，由卡普（Ernst Kapp）和马克思等正式创立，已经开始在学院哲学领域形成气候。但这种"技术意识"（technological consciousness）是否足以将我们带向现代性之后的另一个方向？[17] 或者它只是使西方现代性变得更加核心，就像在发展中国家技术仍只是被定义为主要生产力那样？行星化可能会持续相当长的一段时间。我们不太可能被它

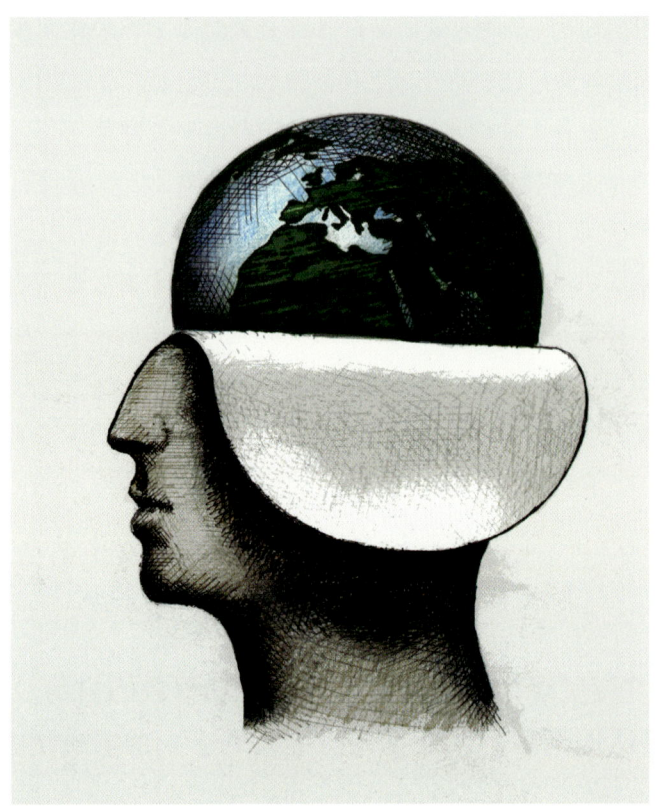

的不可逆转的苦难唤醒，因为这些总是可以被归入人类重申悲剧英雄角色的徒劳欲望之下。相反，我们将不得不采取其他方式来适应后形而上学世界中的新生命形式。这仍然是行星思维的任务。🅱

本文系作者在 2020 年 11 月 21 日的 2020 台北双年展论坛上的发言。英文原文 For a Planetary Thinking 刊于由拉图尔和圭纳（Martin Guinard）编辑的 2020 台北双年展 *e-flux* 特刊（第 114 期，2020 年 12 月）。

许煜（Yuk Hui） 于英国伦敦大学金史密斯学院取得哲学博士学位后在法国进行博士后研究，并在德国完成哲学教授资格论文，现为荷兰鹿特丹伊拉斯姆斯大学哲学系教授；2021—2023 年博古睿学者。他的学术专著已被翻译成十几种语言，包括《论数码物的存在》(*On the Existence of Digital Objects*, 2016)、《论中国的技术问题》(*The Question Concerning Technology in China: An Essay in Cosmotechnics*, 2016)、《递归与偶然》(*Recursivity and Contingency*, 2019)，以及《艺术与宇宙技术》(*Art and Cosmotechnics*, 2021) 等。

1 见 Yuk Hui, "Philosophy and the Planetary," *Philosophy Today 64*, 2020, November, no. 3.
2 Martin Heidegger, *GA66 Besinnung*（1938/39）, Vittorio Klostermann, 1997, S. 74.
3 我在《艺术与宇宙技术》(*Art and Cosmotechnics*; University of Minnesota Press, 2021) 一书中详细讨论了这个问题。
4 Martin Heidegger, "The End of Philosophy and the Task of Thinking," in *On Time and Being*, trans. Johan Stambaugh, Harper & Row, 1972, p. 59.
5 Bruno Latour, *Down to Earth: Politics in the New Climatic Regime*, trans. Catherine Porter, Polity, 2019, p. 15.
6 见 Peter Sloterdijk, *Infinite Mobilization: Towards a Critique of Political Kinetics*, trans. Sandra Berjan, Polity, 2020, p. 11.
7 Yuk Hui, "On the Unhappy Consciousness of Neoreactionaries," *e-flux journal*, 2017, April, no. 81.
8 Hegel, *Philosophy of Nature*, vol. 3, trans. M. J. Petry, George Allen and Unwin, 1970, § 376.
9 Gilles Deleuze and Félix Guattari, *Anti-Oedipus: Capitalism and Schizophrenia*, trans. Robert Hurley, Mark Seem, and Helen R. Lane, University of Minnesota Press, 2004, pp. 239–40.
10 德日进认为："当能人（Homo faber）出现时，作为人类身体附属物的第一件基本工具诞生了。如今，这个工具已经变成了一个机械化包膜（内部连贯，种类繁多），与全人类息息相关。它从躯体（somatic）变成了心智圈（noospheric）。" 具体出处：Pierre Teilhard de Chardin, *The Future of Man*, trans. Norman Denny, Image Books, 2004, p.151.
11 Joseph Needham, "Preface," in Ursula King, *Teilhard de Chardin and Eastern Religions*, Seabury, 1980, xiii.
12 Arnold Toynbee, *The World and the West*, Oxford University Press, 1953, p. 67.
13 Carl Schmitt, *Dialogues on Power and Space*, Polity, 2015, p. 67.
14 这也使我们的方法不同于拉图尔的陆地思维（terrestrial thinking）。陆地性是所有这些的公分母：左与右，现代和非现代。他将"陆地"与"本地""全球"进行对比。参见 Latour, *Down to Earth*, p. 54.
15 Friedrich Nietzsche, *The Will to Power*, trans. Walter Kaufmann and R. J. Hollingdale, Vintage Books, 1968, p. 8.
16 Schmitt, *Dialogues*, p. 46.
17 我在《论中国的技术问题》(*The Question Concerning Technology in China: An Essay in Cosmotechnics*; Urbanomic, 2016) 中，用"技术意识"描述让－弗朗索瓦·利奥塔的后现代项目。

PLANETARY SAPIENCE

行星智能*

本杰明·布拉顿——文

邹亚文——译

"对于当代哲学而言,'行星'及推论'行星性'等具有挑衅性的概念横空出世,作为'全球'一词的替代,让'全球'成了一个静态、扁平、欧洲中心主义的过时概念。"

试想有这么一个思想实验:如果"阿波罗17"号的宇航员拍摄的那幅著名的《蓝色大理石》地球照片,变成了《蓝色大理石》电影,而且是以超级快进的方式描绘整个星球45亿年的生涯。你会看到最初的火山和风暴、大陆板块分裂和重构、原始海洋,以及在"大氧化"事件后生命的出现,大气层的出现孕育了更多生命。

然而,在电影的最后时刻,你也会看到一些不同寻常的事情:卫星云团开始涌现,用金属和光纤制成的电缆开始包裹陆地和海洋。你会看到突然出现了一个复杂的人造行星外壳,它拥有极强的通信和计算能力,使行星具有自我意识——行星智能(planetary sapience)*。

因此,行星尺度计算(planetary-scale computation)的出现既是一个地质学事实,也是一个地理哲学事实。地球除了进化出无数的动物、植物和微生物外,最近还进化出了一个智能的外骨骼,一个分布式的感觉器官和认知层,能够计算诸如以下的问题:地球有多大年龄?地球变暖了吗?有关"气候变化"的知识是行星尺度计算的认识论成就。

在过去的几个世纪里,人类混乱地、在许多情况下意外地改变了地球的生态系统。现在,作为回应,行星尺度计算所代表的新兴智能使得构思一个有目的、有方向和有价值的行星级"地球化改造"(terraforming)**成为可能,而且确有

---

* (前页)为避免与哲学上的智慧相混淆,这里 sapience 译作"智能"。——编者
** "地球化改造"一词,本意指改变其他行星或卫星的生态系统,使它们能够支持类地球生命,作者创新地用来针对地球。——译者

"行星尺度计算使当代的行星概念成为可能。"

必要。这方面的愿景不在于计算本身,而在于我们为其设定的目标。

但让我们先退一步。"行星性"(the planetary)的概念内涵既可以非常小,也可以非常大。它蕴含着深邃的时间和空间维度,这是我们思考的前提。它指出了生物和无机物之间相互关系的深浅。它提供了对地球的理解,与其说是现象学意义上的"世界",不如说是地质和生物地球化学意义上的行星。地球这颗行星孕育了智能,现在它却代表着智能面临的最大挑战。这颗行星并不像海德格尔所说的那样突然出现了一幅"世界图景",而是一个特定物种的栖息地,该物种能够构建一个外部形象,最终能够呈现出该物种及其世界诞生的行星状态。这个形象一直在那里,只是我们刚刚能够看到它。

对于当代哲学而言,"行星"及推论"行星性"等具有挑衅性的概念横空出世,作为"全球"一词的替代,让"全球"成了一个静态、扁平、欧洲中心主义的过时概念。据说经过几十年蛰伏后,行星性一词在20世纪末通过文学理论家斯皮瓦克的作品重新出现。我从斯皮瓦克的定义出发,将重点放在以下两点:首先,行星性是任何哲学的前提;其次,行星性是摆在我们面前的项目名称,我们应该思考如何保存、管理和延长复杂生命。

综上所述,天文学行星性和政治哲学行星性是不同的。虽然两者内涵不同,但它们应该相互促进。如果不能从天文学角度阐明行星是什么、它未来去往何方,以及智能物种如何从中诞生,政治哲学行星性就无法正确地定义自己。两种含义的行星性一起消灭了哥白尼和达尔文之前的人类幻想,即认为人类是独特的自明(self-transparent)主体,只受内在能指(immanent signifiers)的约束。两种行星性都打破了困扰我们现代性的政治迷信(即场所、范畴和基础)。

行星性的启示

文章开头提到的假想的《蓝色大理石》电影含蓄地提出了一个问题:"行星尺度计算的目的是什么?"电影本身是没有答案的。从地球演变出来的行星尺度计算,应该怎么做?它能为可行的行星性作出什么贡献?

一个初步的答案是,行星尺度计算使当代的行星概念成为可能。行星尺度计算并不是行星性产生的必要条件，但与科学和哲学的研究相一致，它使处于那种环境中的最初智能物种有可能掌握其自身出现的条件。行星尺度计算展示了智慧的来源和方式。

行星尺度计算是继伟大的波兰小说家莱姆（Stanislaw Lem）之后的又一可以被称为"认识论技术"的例子。一些技术最重要的社会影响不仅在于它们允许人们做什么，还在于它们揭示了世界如何运转。这可能会带来麻烦。虽然人们对技术的焦虑表现在对其有害影响的描述中，但这种不安有时根植于技术揭示的那些一直存在的东西。比如，显微镜并不会产生微生物，但一旦我们知道微生物的存在，就再也不能以同样的方式看待物体表面了。

这些不请自来的祛魅令人不安，特别是当它们似乎将我们人类从一个自认特权的地方降级时。即使这类技术重组了个人和全球经济，但其更深层次的哲学含义是它们带来了一种哥白尼式的创伤，从而动摇了我们以前对宇宙的理解。这种创伤并不总是因为其重要性而被认识到（包括在哥白尼时代），通常需要几代人的时间才能有所回应。

跟"国际""全球"或"世界"等概念截然不同，"行星性"的揭示并进入了人类的视线，得益于将人类文化的诞生地视为一种古老而深刻的生物地球化学通量（biogeochemical flux）的新兴现象。行星尺度计算最初可能主要是在"西方"科学和"人文主义"探究的背景下出现，但它在揭示行星状况方面的影响将颠覆和破坏这种由于历史区隔导致的自负，就像达尔文生物学铲除了教会的终极生物政治权威。

地球化改造

一个行星社会的技术是进行中过程，我们人类有自己的能动性（agency）。在目前的商业模式中，行星尺度计算的主要目的是测量和模拟个人，以便预测他们的下一个动机。但一个更具抱负的目标，将是促进理解、构建和实施一个更加丰富、多样化和可行的共同未来。

不同于复兴自然的观念，我们必须重新思考"人工的"概念，"人工的"并不是"伪造的"，而是"设计的"。为此，人机交互智能和城市规模的自动化

行星智能

> "合成智能的另一个内涵可能更为重要：人类和机器智能的合成，以之追求洞察力或创造力，二者都不可能单独实现。"

成为扩大的生活、信息和劳动景观的一部分。它们是这个活生态的一部分，而不是这个生态的替代品。更具体地说，对于人为气候变化的答案，也应该同样是人为的。

这种回答的关键点包括以下方面：自动化（可以理解为相互纠缠的生态原理，而不是还原性自治）；地球工程（更多是气候效应层面的理解，而非具体的技术组合）；行星尺度计算从单个用户转向与长期生态生命力更相关的过程；智能物种对变异的刻意自我设计，包括生殖技术、全民医疗服务和合成基因治疗；人工数学智能、语言智能和机器人智能的培养，使通用智能有意识地进化；通过采用生物技术和实验技能，生命物质形成新的生命物质；强化城市栖地和技术，作为提供更具有广泛性和特殊服务的媒介；卡门线（地球大气层和外层空间的边界）外的投射迁移，从那里可以聚焦现有和潜在的地球行星性；最后是整合能够构建这种迁移的创造性治理智能。

我把这些称为"地球化改造"——不是另一个行星的改造，而是我们自己的星球。这是一个深思熟虑的、实用的、政治性的和有计划性的项目，旨在通过不断进行的智能人工化和结合人类、非人类认知的通用智能的出现，在对地球的世俗幻灭的基础上构思和建设一个可行的行星性。它指出了生态系统向多样和有序的合理化得以实现的未来条件；它指出了合成智能（synthetic intelligence）的解放。

合成智能

几乎可以肯定，今天机器智能的发展受到各种"人工智能"意识形态的阻碍，而这些意识形态又受到一些误解的束缚，这些误解涉及哪些东西是人工、哪些不是人工，以及哪些是智能的、哪些不是智能的。其中最重要的误解是，机器

智能必须是公认的"类人"（human-like）才能被称为智能。多重拟人化偏见和假设，让我们在描述机器智能所完成的非凡成就时一知半解。其中大多数成就，看起来一点也不像人类的思维——尽管有些像，就像大型的自然语言处理模型。

最近，我和位于莫斯科的史翠卡研究所的研究人员重新审视了半个世纪前经济学家西蒙（Herbert Simon）提出的"人工物"和"合成物"之间的区别。人工物指的是仅仅与原物相似的东西（如廉价的塑料钻石），而合成物则是专门制造的真实而有意义的东西（如实验室制造的钻石，在分子水平上与天然钻石完全相同）。因此，人工智能只是看起来很聪明，但合成智能是真的聪明。我们应该追求合成智能，而不是人工智能。

合成智能的另一个内涵可能更为重要：人类和机器智能的合成，以之追求洞察力或创造力，二者都不可能单独实现。一个著名的例子发生在 2016 年李世石和 AlphaGo 的围棋比赛中。AlphaGo 在第二场比赛中的第 37 步按照围棋专家所说，是人类无法想象的。但在下一场比赛中，李世石的第 35 步同样出人意料和富有创造性。如果第一步证明 AlphaGo 在某种程度上不仅仅是狭义上的

"聪明",而且还能够创造新奇感,那么第二步证明,作为回应,人对博弈的看法发生了改变,同样走出了绝妙的、与众不同的一步,这在其他状况下是不可能发生的。这是合成智能,是对通用智能的一瞥。

计算的行星性形成了我所称的"意外的巨型结构"(accidental megastructure),这个结构由重叠的功能层组成。从字面上说,它是一个堆叠的功能层,通过地下数据中心和跨洋电缆延伸到中非的矿井,再到交错的城市网络,再到发光的玻璃长方形*,我们通过这些长方形可以看到它,它也可以回望我们。行星尺度计算不是虚拟的,它是其宿主行星的一种地球化改造。

若衡量行星尺度计算的重要性,需要对其庞大基础设施的物理成本进行冷静的计算,包括准确辨别其基本目的,并最终考虑智能本身的价格。在真正重要的语境下,培养能够与我们自己最有道德、最有抱负和最精湛的表达方式协作的合成智能是非常宝贵的。这意味着,合成只有在我们下定决心、明确其高昂成本的情况下才能实现。

---

* 作者指电子显示器等。——译者

拒绝或接受合成智能的成本，还必须考虑天然智能的代价。这种代价不仅是共处的社会合作，还是人类走过的一条披荆斩棘的道路，它将我们共同的祖先从非洲的奥杜瓦伊峡谷带到哥贝克力石阵，再带到美索不达米亚、东亚和中美洲的识字文化中。最深层次的价值观岌岌可危。智力的长期演化——人、动物、机器、人机——是不是生命自身组织化和复杂化的根本目的？如果是这样的话，现在智力开始迁移到无机硅基底上，这预示着什么样的行星性呢？

自动化的生态学理论

智力不存在于培养皿、实验室或单个头骨内，它存在于户外，存在于我们的城市中。城市不仅仅是建筑加上居民，它是一个卓越的人工环境。正如设计师和程序员切尔韦尼（Ben Cerveny）所说，城市"可能是人类创造的最长的连续过程"。将合成计算智能引入城市系统，增强了嵌入式传感和智能的现有形式，并由此产生了新颖品质。

我想起了 Gakutensoku，这是 20 世纪 20 年代由生物学家西村真琴（Makoto Nishimura）在大阪建造的一个巨型机器人。西村对恰佩克（Karel Čapek）的戏剧《罗素姆的万能机器人》（*Rossum's Universal Robots*）中的人形机器人感到震惊，正是该剧引入了"机器人"（robot）一词。因此，西村着手制造一台机器人，展示了他所看到的人类文化最高贵和脆弱的一面，机器人具有复杂的面部表情和抄写诗歌的能力。

有一次我参观深圳一家生产安卓手机外壳的工厂，看到这家工厂里面机器人和工人并排工作，我被一种意想不到的感觉所震撼，那是一种宁静的感觉。我的心情平静，没有慌乱。工厂里有些东西移动得很快，但很安静，而另一些东西则安静地等着轮到它们。它不像卓别林意义上的"工厂"；从布劳提根（Richard Brautigan）的角度看，这更像是一个机器花园。

我对同事说，我非常想在这样一家机器花园式咖啡馆里待上一段时间，这会成为一个可爱的公众聚会场所。当我这么说时，我意识到这不是开玩笑。目前的自动化轨迹将不可避免地扩散到城市中，我们必须意识到一个看似简单的事实，即自动化创造了一种特殊的氛围。它不仅仅是形式跟随功能；它是一种

> "认真对待这种新的存在主义状态,则需要一种截然不同的哲学。"

功能主义,正在成为(或者至少可以成为)一种微妙的形式。

为了避免城市计算自动化主要被用于优化人类空间物流里面最随机和平庸的方面(例如停车、安保、自动售货等),我们需要对自动化有不同的理解。第一,自动化主要不是关于自治;第二,全球化没有导致自动化,是自动化导致了全球化。在最密集的城市或丛林中,因果关系和决定论无处不在,但自动化的过程和技术本身是不确定的。如果我们把它们想象成多米诺骨牌,它们的排列深入事物的核心,它们的级联能动性超出了任何一次引发多米诺骨牌效应的初始意图。

这些系统是经过编排的,但它们也会随着每次迭代而进化,在前进中学习,并被它们所处的世界塑造。作为城市基础设施,它们记住并编码可以重复的特定决策。无论是机器、自动化过程,还是人表面上的自主性,都是一种幻觉。它们的因果关系已经由之前的阶段和位置预先设定,因此整个自动化的固定模块本身是自动的。我们的合成自动化利用了现有的足迹和以前的城市化模式,也迫使其他地区产生了不同的地理环境。新的生态位(niches)出现时,其他则黯然失色。

智能局势

已揭示的行星性和必须形成的行星性之间最关键的关系取决于对智能(intelligence)可能发生干预的切入点,以及在该切入点如何理解智能的能动性局势。这比有些人让我们相信的要困难得多,它势必诞生于"无法偿还的债务"中。

通用智能的决定性悖论有以下双重认识:首先,它的存在极为罕见和脆弱,在短期和长期内容易受到众多灭绝事件的威胁;第二,它自身的历史涌现所带来的生态后果是造成这种危险的主要原因。面对这些问题我们又无法回避以下两个方面：一是人类智能通过战争和战略暴力得到发展，二是机器智能以资源提取、军事应用及其生态和社会破坏为前提。

这两种智能模式也是行星性的模式。无论是好是坏，这两种立场都是理性行使其能动性的基础。这两者都与我们乐见其成的美好愿望有关。但如果行星智能要在短期和长期内经受住自身出现的后果，就必须改变其轨迹，否则就有灭绝和消失的危险。

这一历史似乎很长，但也可能转瞬即逝。对它进行定义，是一个悖论式的挑战。行星智能不断涌现，它如何理解其自身的进化和智能在天文上的珍贵价值，同时又能从其产生和生存所面临的暴力中反思认识自己？我们回溯性后见之明的特权有可能将为此盖棺论定，这段历史是行星智能最终涌现的一个值得的，甚至可能是必要的条件。即使如此，它的发展和生存取决于能否从原始习惯中决定性地脱离出来。

什么样的未来会让过去值得度过？也许行星智能的未来现在正存在性地纠结于一个完全不同的创作、远见和维持秩序的生涯，就像它的出现伴随着接连几个世纪的失控破坏。认真对待这种新的存在主义状态，则需要一种截然不同的哲学。B

原文选自 *Noema* 杂志（博古睿研究院出品），在线阅读链接 https://www.noemamag.com/planetary-sapience/，原标题为 Planetary Sapience。

本杰明·布拉顿（Benjamin Bratton） 美国加利福尼亚大学圣迭戈分校视觉艺术专业教授，俄罗斯莫斯科史翠卡研究所"地球化改造"项目负责人。

GOVERNING IN THE PLANETARY AGE

治理在行星时代

乔纳森·布莱克 尼尔斯·吉尔曼——文
诸葛雯——译

> **"如果说我们从疫情中吸取了一个教训，那就是民族国家在行星或区域层面均治理不善。"**

从上升的海平面到隐蔽的病毒，在规模和范围上，我们现今乃至未来面临的诸多问题，皆乃行星层级所固有。然而，解决这些问题的主要治理机构却是民族国家，而不是行星层级的机构。这些挑战的规模与我们的治理能力并不相称，其结果是，气候变化和大流行病等行星问题没有得到控制，也无法得到控制。

同时，这些以及其他更多的挑战对人口的影响往往又是地方性的。我们往往不会将之视为抽象的行星层级问题，而是作为局部地区威胁看待。新冠疫情是一个全球性的事件，但我们直接感受到的是它对社区造成的严重破坏：我们被迫在家隔离，附近的酒吧和餐馆关闭，朋友和家人面临风险。

如果说我们从疫情中吸取了一个教训，那就是民族国家在行星或区域层面均治理不善。在气候变化等其他的行星性现象上，也是如此。温室气体在全球排放流动，但对不同地区造成的影响差异很大。这一问题及其影响，并没有国界之分。

一方面，气候变化问题需要在行星范围内采取集体行动，民族国家无法单独减缓。现有的多边气候治理方案《巴黎协定》的基础是主权民族国家自愿遵守。然而，此举至多可作为行动不足的借口。

另一方面，单一民族国家也不是应对气候变化问题的合适机构：洛杉矶、迈阿密和明尼阿波利斯都受到气候变化的影响，但受影响的方式截然不同，需要的政策也大相径庭。事实上，气候问题对这些美国城市的影响，也许与对其他民族国家的城市（例如开普敦、达卡和莫斯科）的影响更具共性。然而，民族国家只能整合和协调包含在它们内部的地方实体，不能整合和协调其他民族

> **"没有一种方法能够适合所有人,共同挑战的严重程度也不同。我们现在需要拥有一个多层次机构的治理体系来处理不同程度的问题,并且该体系不从属于既有的任何民族国家。"**

国家。

这种动态,存在于一系列重大问题中。从经济动荡到公共卫生,民族国家无力应对这些问题的行星根源,也难以控制其对当地社区的影响。民族国家的治理不力,反过来导致其产生合法性危机。全世界的人都不会对一个无法胜任其宗旨的机构表示认可。那些导致美国、欧洲、中东、南亚和拉丁美洲政治动荡的民怨,有一个相同的基本要素——对国家感到失望。

要解决这些无效治理和不合法治理的双重危机,需要对我们的治理机构进行根本性重组。我们尤其需要分离民族国家的许多权力和治理职能,将其中一部分向上移交给行星层级机构,一部分向下移交给地方机构。

如果正如社会学家丹尼尔·贝尔(Daniel Bell)在 1977 年指出的,"国家对于生活中的大问题来说太小,对于小问题来说又太大",那么合乎逻辑的解决方案就是成立更大和更小的政治机构。但没有一种方法能够适合所有人,共同挑战的严重程度也不同。我们现在需要拥有一个多层次机构的治理体系来处理不同程度的问题,并且该体系不从属于既有的任何民族国家。

偶然诞生的民族国家

直到 20 世纪下半叶,民族国家才成为组织政治和治理的主要形式。在 20 世纪 40 年代,世界上多至一半的人口被其他形式的主权实体统治,比如殖民地、属地、托管地、共管地(联合主权)、帝国、受保护国、托管区域、自由城市、宗主国、自治领和各种其他主权实体。

第二次世界大战结束时，大多数国际观察家预测，这种全球多样化的主权格局大概将继续存在。尽管对于一些地方来说独立显然是有可能的——印度和巴基斯坦在 1947 年独立，以色列也于 1948 年建国，但是当时还是很少人能预料到民族国家会形成如此的局面。1947 年设计纽约联合国大楼时，里面大会堂的座位只能容纳 70 个成员国（当时有 57 个成员国）。联合国大楼于 1952 年开放，仅仅三年后，这个数字就被突破了。到 1976 年有 147 个成员国，此后平均每年增加一名，今天一共有 193 个。几十年来，许多人认为，民族国家是主权的唯一合法形式，也是组织"治理"的主要制度工具。

然而，在战后初期，并非所有人都渴望被主权民族国家统治。20 世纪 40 年代和 50 年代的许多殖民地，特别是非洲和加勒比地区的殖民地，最初对独立的兴趣不大，宁愿被并入当时由欧洲殖民统治者建立的福利国家。只有在欧洲人表示对此兴趣索然之后，殖民地领导人才开始转向要求独立。即使在当时，也有一些地区治理计划流产。当民族国家达成其标志性的后殖民计划的最佳方案，即实现经济发展和现代化，通常被生动地称为"国家建设"（nation-building）时，民族国家的强权才得以巩固。

在战后民族国家崛起的前夕，许多卓越的领导人却反其道而行，认为管控全球风险（尤其是再次发生世界大战的威胁）的更好方法是汇集全球主权。"世界联邦主义者运动"现在已经被人们淡忘了，它曾将主权概念视为"谎言"，并提出建立一个"世界联邦政府"。

这并不是一种边缘思想：加缪（Albert Camus）、丘吉尔（Winston Churchill）、爱因斯坦（Albert Einstein）、甘地（Mohandas Gandhi）、马丁·路德·金（Martin Luther King, Jr.）、尼赫鲁（Jawaharlal Nehru）、施维默（Rosika Schwimmer）和威尔基（Wendell Willkie）都曾是这一想法的支持者。芝加哥大学甚至召集了一个"世界宪法制宪委员会"，该委员会在 1948 年诗意盎然地宣布，"国家的时代必须结束，人类的时代必须开始"，并呼吁建立一个"世界联邦共和国"，所有民族国家都"将各自主权集中在一个正义的政府中，并向这个政府交出武器"。

最终，随着冷战时期的意识形态对抗和权力斗争，富裕国家对全球权力

治理在行星时代

"芝加哥大学甚至召集了一个'世界宪法制宪委员会',该委员会在 1948 年诗意盎然地宣布,'国家的时代必须结束,人类的时代必须开始',并呼吁建立一个'世界联邦共和国'。"

再分配的抵制,以及渴望在主权上拥有自己的一席之地的政治新手在殖民地和后殖民地的崛起,这场运动不得不偃旗息鼓。这样,世界联邦国家没有如愿诞生,而是成立了一系列多边成员国机构,主权国家通过这些机构共同应对各种具体挑战。

例如,联合国安全理事会负责维护国际和平与安全;世界银行提供发展方面的贷款和专门知识;国际货币基金组织的职能是保证国际货币体系稳定;关贸总协定及后来的世界贸易组织提倡降低关税壁垒,以确保全球贸易顺利进行、有条不紊。国际关切的许多其他话题也是如此。

将这些组织拼凑在一起形成一种潜在的结构性矛盾,是因为全球问题的最终决定权不在于全球机构本身,而在于各成员国。要说这些组织完全没有作用当然有失公允,但是它们的能力差别很大,提供的服务也不均衡,并且有影响其能力发挥的盲点。愤世嫉俗者可能会说,许多人在 20 世纪 40 年代中期设想的联邦制世界政府的全球治理架构实际上已经实现,只不过这个联邦主义世界

> "我们所指的'这个行星'(planet)不是指全球(globe):
> '全球'是一个从人类角度去解释地球的概念范畴。"

政府生来就有缺陷,时至今日仍然无法应对我们时代最大的行星层级挑战。换句话说,我们已经有一个世界政府,它只是失败了。

针对全球治理机构明显陷入困局的现状的一个回应是,恢复主权国家的权力。全球新民族主义者将许多地方问题归咎于"全球主义精英",后者总是赤裸裸地追求个人财富,将自己的国家出卖给全球体系。这些批评有可取之处,但它们没有看到问题症结:民族国家,尤其是民主国家,无力应对当今全球各方深度联结、相互依存所带来的风险。

行星性

"行星性"是指超越民族国家,涉及整个地球的问题、过程和状态。"全球"(global)和"全球化"(globalization)是目前描述全球问题的流行术语。但我们所指的"这个行星"(planet)不是指全球(globe):"全球"是一个从人类角度去解释地球的概念范畴。同样,全球化基本上是以人为中心去理解过去几十年间发生的某种"一体化",即人、货物、思想、金钱等的加速流动。

相比之下,这个行星在对人类并无特别指涉的条件下描述地球。查克拉巴蒂(Dipesh Chakrabarty)解释说:"面对行星,人类似乎遇到生死攸关,但却对之漠不关心。"地球不仅仅是人类的。世界融合不仅仅是人类有意为之的成果。人类与微生物、气候和技术促成的新兴跨物种生物群落(emergent trans-species communities)紧密相连,相互依赖。

> "'行星性'始于谦虚:承认人类能控制的范围有限,并重新评估我们的治理方式和目标。"

"行星思维"(planetary thinking)产生于本体论(存在的本质)、认识论(知识的研究)领域的持续变革。例如,我们现在知道,人类是自然的一种地质学力量,将大气中的二氧化碳含量提高到300万年来前所未有的水平,这反过来又迫使这个行星的生物地球化学发生根本变化。我们也知道,像所有动物一样,人类也是"许多物种生活在一起的共生复合体"——依靠体内的数百种微生物得以正常生存。

总的来说,这些科学发现消解了我们人类以为自己是宇宙中心的感知。像近代早期的伽利略和达尔文一样,行星性代表着一种范式转变(paradigm shift)。就像全球化的概念那样,假设人类居于地球一切事物之巅,其他事物都必须屈从于人类前进的步伐,在经验上和规范上都是行不通的。我们只是地球上生物化学演化过程中的一个(而且是非常新的)组成部分,处于碳循环和微生物及多物种相互依赖的反馈环中。

人类凌驾于地球之上的傲慢想法,驱使我们追求一个注定要失败的政治计划,想象我们能像神一样控制同我们千丝万缕纠缠在一起的生物地球化学。但是"行星性"始于谦虚:承认人类能控制的范围有限,并重新评估我们的治理方式和目标。

大气中的二氧化碳和病原体不在乎国界,而只受整个地球系统的约束。行星性的问题不仅仅在民族国家之间流动,或者存在于民族国家之间的间隙。它们存在于民族国家之间和民族国家内部,打破了国际和国内之间的概念之分。一个建立在将全球领土和人口划分为独立主权民族国家的基础之上的体系,不足以解决行星性的问题或者这些问题在地方上的表现。如果地球这颗行星是一个宏大的政治空间,它就必须从宏大的层面来管理。

治理在行星时代

"民族国家需要向上移交行星性机构的权力是治理行星问题的权力，需要向下委托给地方机构的权力是管理地方问题的权力。"

辅助性

那么，我们应该如何治理作为行星的地球？我们应该如何设计治理系统，让它与我们对地球及其不断变化的系统的新的理解达到一致？

应对如此大规模的挑战，需要民族国家将治理行星问题的职能"向上"移交给行星性机构，至于尽可能多的其他治理功能的管理，包括行星问题所造成的地方影响，则"向下"移交给地方性机构。在这个新架构中，民族国家仍将发挥重要作用，例如监督军事事务和分配经济商品等，但其作用将大大减弱。

这些不同治理层次间的分工，应该遵循"辅助性原则"（principle of subsidiarity）*。这一概念源于加尔文主义，后来被天主教教义吸收，辅助性原则认可这样一种观点，正如政治理论家阿拉托（Andrew Arato）和科恩（Jean Cohen）所言，"社会和政治问题应该在最直接的层面以最适当的方案解决"。因此，民族国家需要向上移交行星性机构的权力是治理行星问题的权力，需要向下委托给地方机构的权力是管理地方问题的权力。

我们所说的行星性的治理机构，并不是指传统的全球治理机构。联合国、国际货币基金组织和世界卫生组织，以及当今世界的其他全球治理机构，都是多边成员国机构，专注于人类的各种交流，代表成员国的利益。但是，它们不直接应对行星性的挑战，也不直接回应公民的问题。

行星性要求在行星的层面有约束力的新机构，而不仅仅是秉承自愿原则运作的成员国机构。这并不意味着，成立单个世界国家。我们设想在全球范围内成立一个专门的治理特定行星事务的权威机构。

---

* "辅助性原则"一词的中文翻译在与两位国际关系学者讨论后才确定，借此机会感谢北京大学国际关系学院查道炯教授和外交学院易显河教授提供的观点和参考。——编者

在实践上，这意味着我们需要有约束力的行星性机构，它超出了针对气候的《巴黎协定》，超出了负责症状监测和卫生事务的世界卫生组织，超出了处理生物多样性的联合国环境规划署；同时我们也需要一个处理技术相关风险的全新行星性机构。所有这些，将在民族国家之上形成一个新的行星式地球治理机构。

民族国家也应该将尽可能多的治理职能向下委托给更接近其所服务的人民的机构。在一个存在不同需求、愿望、文化和历史的多元化社区的世界，辅助性原则允诺更好的结果和更强的机构合法性。

赋予地方政府权力，可以使得更接近、更关注当地问题和当地需求的领导者相机而动，因地制宜作出相应反应。公民可以更直接参与影响他们日常生活的决策，而不是在国家或者全球层面猛烈抨击那些遥不可及、冷漠迟钝的官僚。因此，辅助性原则是解决全球民主制度面临的合法性危机的方案之一。

要解决民族国家治理成效和合法性的双重不足，不仅需要向下委托权力，还需要加强地方机构之间的横向联系。例如，气候变化适应问题应该由地方机构——地区、城市甚至社区——来解决，这些机构形成同级网络，相互学习，有效集中资源。

C40 城市集团[1]侧重于分享处理气候变化弹性和适应问题的最佳实践，是横向联系辅助性原则的一个优秀案例。近几十年来，另外增加了一些国际城市联盟。它们主要关注社会福利住房、减少政治极化和仇恨等主题，这些地方治理网络正在与联合国和经合组织等传统多边组织建立有效联系。

行星层级机构、国家机构以及地方机构相互嵌套、环环相扣，共同形成一个多层治理体系。这种体系架构之下的治理机构能更好地适应各自责任范围的问题，而不是像现在这样，所有问题默认由民族国家处理（然后当它们无法应对时，我们只能扼腕叹息）。辅助性原则提供了一个经验法则，来决定何种治理机构应该被委派应对何种挑战。

事实上，几十年来，很多国家一直在向地方政府下放和转移权力。但这还不够。如今缺少的是如何将有约束力的实际权力上交给具有行星范围内的权威的特定机构。

21 世纪告诉我们，有些系统和过程不是人类能完全控制的。在 19 世纪和

"出现了一个越来越能界定我们生活的悖论：我们人类无法掌控这个行星，但却是唯一能对它负责任的生物。"

20 世纪，假设或促进人类凌驾于"自然"和"技术"之上的意识形态，以及诞生于这种意识形态的机构，已经达到极限状态。

为了地球生命的繁荣，我们的行动必须在某种天然的生物物理限制之内。跨越某些界限，将触发这个行星无情地走向不宜居的进程和反馈环。病原体的出现部分源于气候变化的影响，但人类与野生世界的接触越来越多也是其中一个原因，尽管我们的医学取得了长足进步，但病原体仍然能够而且将继续传播。病毒和细菌犹如它们的人类宿主，也在寻求"繁衍生息"。新技术，尤其是人工智能，也可能发展到人类无法控制的地步。这样就出现了一个越来越能界定我们生活的悖论：我们人类无法掌控这个行星，但却是唯一能对它负责任的生物。

目前我们的机构不能胜任这项任务，并不意味着没有机构能够胜任。有关"行星性"的阐释，学者勒夫布兰德（Eva Lövbrand）、莫比尔克（Malin Mobjörk）和索德（Rickard Söder）认为，"这是一种邀请，可以推动我们重新思考我们的机构、义务和规则，并建立以超越民族国家乃至人类的参与、团结和正义为基础的新的合作形式"。改善治理的最佳途径是自上而下重新调整治理方式，创建一个平台，由这个平台负责作出决定和指导集体行动，来解决从行星层面到超地方化的一系列问题。

随着形势变化，我们的治理机构在历史上也一直在改变，这一次也是一样。作为多层次治理蓝图，行星层面的辅助性原则并不能保证我们找到正确答案，但如果继续依赖民族国家和破碎的全球治理体系，我们肯定不会找到正确答案。面对作为行星的地球的未来，最愚蠢的办法是坐以待毙。Ⓑ

原文选自 Noema 杂志（博古睿研究院出品），在线阅读链接 https://www.noemamag.com/governing-in-the-planetary-age/，原标题为 Governing In The Planetary Age。

乔纳森·布莱克（Jonathan Blake） 2021—2022 年博古睿学者，哥伦比亚大学博士。
尼尔斯·吉尔曼（Nils Gilman） 博古睿研究院项目副院长、Noema 副主编。

---

1 一个致力于应对气候变化的国际城市联合组织，包括中国、美国、加拿大、英国、法国、德国、日本、韩国、澳大利亚等国城市成员。

THE ONE-EARTH BALANCE SHEET

我们为什么需要一张"地球资产负债表"

沈联涛——文
刘子平——译

行星思维与共生哲学

Colin Arisman 创作

对"自然资本"的关注有望促使政府、学术界和民间社会通力合作，共同探寻解决气候危机等全球性问题的可行方式。

现代科学的基本逻辑是把复杂问题先分解，再逐个解决。美国作家、未来学家托夫勒（Alvin Toffler）1984年为化学家普里戈金（Ilya Prigogine）的经典著作《从混沌到有序——人与自然的新对话》作序时写道："当代西方文明最拿手的技能之一就是解剖，将问题分解为尽可能小的部分。我们虽然擅长分解，但常常忘了把碎片重新组装起来。"[1]

专业化提高了生产和产出的效率，却形成了"孤岛"。具备专业知识反倒让人片面看待问题，不再以全系统的视角关注部分与整体之间的相互作用。一旦各个部分无法匹配或不能协作，整个系统就会崩溃。行为经济学家卡尼曼（Daniel Kahneman）指出："许多显而易见的事，人们视若无睹；对自身的盲点，更是视而不见。"[2]

这种"孤岛"化让集体行动更加困难。每个民族国家、部落、社群的认知方式和知识储备，皆不尽相同。人类需要重绘一幅全新的思维地图，突破牛顿经典科学及其背后线性机械思维的束缚，重塑一个系统生命观和世界观。[3] 生态学家卡普拉（Fritjof Capra）和路易西（Pier Luigi Luisi）认为，"这个时代的主要问题——能源、环境、气候变化、粮食安全和金融安全——都是系统性问题，它们既相互联系，又相互依存"。[4]

复杂的、非线性的、系统的生命观将整体视为"小"与"大"之间的持续互动：不同的部分之间同时存在合作和竞争。这种有机生命观体现在中国、印度、澳大利亚原住民和美洲原住民等许多古老的、崇尚天人合一的文化里。[5]

现代西方科学也开始重新审视启蒙运动之前的世界观。彼时的人们认为人、

> "复杂的、非线性的、系统的生命观,将整体视为'小'与'大'之间的持续互动:不同的部分之间,同时存在合作和竞争。这种有机生命观,体现在中国、印度、澳大利亚原住民和美洲原住民等许多古老的、崇尚天人合一的文化里。"

神和地球之间存在某种神秘的纠缠。[6] 中国科学家钱学森[7]主张,世界由"开放的复杂巨系统"组成,这些系统在更大的开放复杂巨系统中运行。而人体本身就是一个开放的复杂巨系统:大脑由数十亿个神经元通过数万亿条通路相互联结,并不断与其他人及环境交换、处理信息。生命体的复杂多变与难以理解,其实远超我们的想象。

为了描述这个动态的、复杂的和不确定的系统整体,我们需要超越学科界限,发展出融合自然、社会、生物科学及艺术的跨学科思维。钱学森的结论是,描述这种系统复杂性和不确定性的唯一方法是将定量与定性叙述相结合——这也正是诺贝尔奖获得者席勒(Robert Shiller)在其著作《叙事经济学》[8]中所倡导的。

有生命的大自然

"盖娅(地球母亲)"的概念,将地球视为一个在生物和自然环境之间达到精妙平衡的具有生命的整体。这一观点引起了生态学家以及自然爱好者的共鸣。生物、神经、生态和信息科学的前沿发展,也确立了地球是生命体的观点。但这个生命体正在对人类的种种过度行为进行回应。例如,德国历史学家布洛姆(Philipp Blom)将17世纪的小冰河时期称为"自然界的反叛"[9],仿佛大自然真的在"报复"人类。

不幸的是,只关注短期增长的政客和经济学者对此看法截然不同。他们将自然视为非生命体,为创造财富从中拼命攫取资源。正是由于这个原因,1972

Colin Arisman 创作

年罗马俱乐部的报告《增长的极限》[10]发布时,遭到了多数政治经济学家的忽视。

二战以来,国内生产总值(GDP)的概念成为衡量经济增长的基准指标。这一概念聚焦于人类财富的增值,却忽略了资源枯竭、生物多样性丧失、环境污染等因素,以及关乎人类健康和福祉的长远影响等其他成本对不可替代自然资本的价值损害。剑桥经济学家达斯古普塔(Partha Dasgupta)在最近发布的生物多样性报告中哀叹:"全球气候变化引发知识界与公众关注的原因,不仅在于该问题本身的严重程度,也许还因为人们幻想使用熟悉的商品税、监管和资源定价等经济学原理就能圆满解决问题,而无须牺牲富裕国家的物质生活水平。有气候经济学文献甚至认为,只要未来几年在清洁能源领域增加较少的投资(如 GDP 的 2%),我们即可享有全世界货物和服务产出(全球 GDP)的无限增长。"[11]

> **"人们聚焦于'生产资本',而对'自然资本'视若无睹。其结果是,生物多样性和不可再生资源正在以前所未有的速度遭到破坏,人类的整体福祉岌岌可危。"**

直到最近,人们的目光依然聚焦于"生产资本",而对"自然资本"视若无睹。其结果是,生物多样性和不可再生资源(如对人类福祉至关重要的空气、水、森林、海洋和空间)正在以前所未有的速度遭到破坏,人类的整体福祉岌岌可危。

一个地球

我们需要通过构建一个地球资产负债表(One-Earth Balance Sheet),真实且公允地核算地球的状况。这一"地球资产负债表"不仅包含一切事物的流量和存量,还应涵盖自然资本和生物多样性。虽然很多必要信息仍暂付阙如,但随

Colin Arisman 创作

着经济、金融、环境、社会和治理等各方面可利用的信息不断积累，地球资产负债表终将得以构建，新的思维地图将逐渐清晰，并成为讨论共同目标、应对共同挑战和寻找解决方案的重要基石。

事实上，文艺复兴时期的人们已做过类似尝试。欧洲的制图师、航海家、商人、银行家和科学家利用从阿拉伯和亚洲收集的地图和信息，在漫长的岁月里不断改良地图与航海技术。整个过程并非自上而下，而是集体智识和文化"演化"（becoming）。最终在新地图的引领下，人们发现了通往新大陆与全球化的崭新航道。

现在我们若想描绘人类对地球及彼此的影响，就需要反思孤立思维（siloed thinking）如何导致社会不平等和地球破坏等诸多问题。地球资产负债表有助于揭示我们的盲点和失衡之处。生命，并非善与恶、人类与地球之间绝对的二元对立关系——相反，要认识到多即一。

经济核算的基本缺陷之一，是存量与流量在统计上的不一致。联合国于1953年提出国民经济核算体系（SNA），通过计量收入、支出、进出口等流量，创设了国家层面的核算体系。SNA的数据主要来源于基础的企业、家庭、政府和金融账户，每种账户都有会计与估值缺陷。尽管历经多次更新和修订，SNA仍缺乏有效数据，全球统一核算进展缓慢。

因为缺乏国家资产负债表，决策者对存量失衡（stock imbalances）往往毫无察觉。在2008年国际金融危机中，银行监管机构震惊地发现隐藏在"线下项目"衍生工具中的或在表外、离岸工具中的未披露债务。而从未被测量过的外部性（污染、环境恶化、社会不公等）则导致了糟糕的政策和掠夺性的商业行为，引发了环境保护主义者的强烈不满。

2008年国际金融危机后，斯蒂格利茨–森–菲图西委员会（Stiglitz-Sen-Fitoussi Commission）[12]指出GDP衡量经济表现和社会进步的局限性。GDP作为衡量标准的关键缺陷在于，它对外部性、自然资源消耗和生物多样性破坏的计量不足，一些非市场活动（如妇女家务工作的贡献）也未得到衡量。该委员会正试图将计量重点从经济生产转移到人类的整体福祉上来。

自2008年以来，主要经济体（包括多数20国集团成员）均已编制了各自的国家资产负债表，以便更好地理解行业间与国家间流量/存量之间的关系。

经济合作与发展组织（OECD）关于自然资本和生物多样性的最新报告指出，虽然有 89 个国家已构建与联合国综合环境与经济核算体系（SEEA）相一致的核算体系，但其中只有 34 个国家开发了生态系统核算体系。即使在今天，国际财务报告准则（IFRS）对环境、社会和治理措施等非传统指标也没有单独的披露标准。任何一位数据科学家都知道："无用输入，无用输出。"无论定量经济模型做得如何高级，数据的质量直接决定其是否真的有效。

当前，主权国家的货币、财政或消费政策的影响仅限于本国公民。由于没有全球性的政府或中央银行对全球货币和财政进行核算，人们仍无法判断单个国家的行为是否与全球可持续发展目标一致。无法看到全貌，公民就很难从整体上采取更好的替代政策。

但是，如果将地球视为一个生命体，我们无疑可以修订当前的会计计量框架，将人类与自然的互动纳入其中。例如，可以创设一个额外的"自然"部门，并记录人类与该"自然部门"在碳排放、自然资源使用、环境污染等方面进行了多少"交易"。

要把概念、框架和披露要求都做到标准化，显然还任重道远，但编制地球资产负债表的基本要素已经广泛存在，在自然科学家、社会科学家和社会各界的共同努力下，通过创建关于应对气候变化和包容性的共同叙事，这一进程将会大大加快。

从全球一体的角度看，我们可以就单边政策的成本和收益展开更多元化的辩论。比如，碳关税实际上是将成本转移给了出口国。再如，可否考虑对全球金融交易征收托宾税从而为碳减排提供资金，在减少短期投机的前提下优化资源配置。

若有一张地球资产负债表，我们将能够有效识别出系统的重大失衡。许多领域（如社会、收入、财富）的失衡已非常明显，但与污染、碳排放有关的消费行为失衡，以及全球网络和供应链中的脆弱环节等，尚未得到充分的考量。

新冠的流行已表明，我们需要"整体政府"进路和"整体社会"进路来应对共同的挑战。在国家和全球层面缺乏可靠数据，将导致政策缺陷，甚至引发误解与冲突。

当然，编制地球资产负债表需要多维度和跨学科的数据，这一任务超出了

任何单一个人或团体的能力范围。有关人士和多边机构应当召集成立一个全球委员会，并非从国家视角，而是从行星视角，为这项紧迫的任务提供必要的政治支持，并推动学术界、民间社会、国家和多边机构在数据收集方面通力合作。借此，人类才能凝聚共识，共同应对全球性的挑战。🅱

原文选自 *Noema* 杂志（博古睿研究院出品），在线阅读链接 https://www.noemamag.com/the-one-earth-balance-sheet/，原标题为 The One-Earth Balance Sheet。

沈联涛（Andrew Sheng） 香港证监会原主席，香港大学亚洲全球研究所研究员，联合国环境规划署可持续金融顾问委员会成员。

1　A. Toffler, *Science and Change*, in *Order out of Chaos: Man's New Dialogue with Nature*, Bantam Books, 1984, ix.

2　D. Kahenman, *Thinking, Fast and Slow*, Farrar, Straus and Giroux, 2013, p. 24.

3　Andrew Abbott, *The Future of Knowing*, University of Chicago, 2009. see http://home.uchicago.edu/~aabbott/Papers/futurek.pdf.

4　Fritjof Capra and Pier Luigi Luisi, *The Systems View of Life: A Unifying Vision*, Cambridge University Press, 2016, xi.

5　Attributed to Zhuangzi (369—286 BC), https://zh.wikipedia.org/wiki/天人合一.

6　Y. Hui, Singularity Vs. Daoist Robots — Is there another path than accelerated Western modernization? //N. Gardels, Noema Magazine, 2020. Retrieved from https://www.noemamag.com/singularity-vs-daoist-robots/.

7　钱学森，于景元，戴汝为：《一个科学新领域——开放的复杂巨系统及其方法论》，《自然杂志》，1990 年，第 1 期。

8　Robert J. Shiller, *Narrative Economics — How Stories Go Viral & Drive Major Economic Events*, Princeton University Press, 2019.

9　P. Blom, *Nature's Mutiny: How the Little Ice Age of the Long Seventeenth Century Transformed the West and Shaped the Present*. Liveright Publishing, 2019.

10　Donella H. Meadows, Dennis L. Meadows, J. Randers, William W. Behrens, *The Limits to Growth — A report for the club of Rome's project on the predicament of mankind*, Universe Books, 1972.

11　P. Dasgupta, *The Economics of Biodiversity: The Dasgupta Review*, London: HM Treasury, 2021, p. 27.

12　J. E. Stiglitz, Jean-Paul Fitoussi, A. Sen, *Report by the Commission on the Measurement of Economic Performance and Social Progress*, Stiglitz-Sen-Fitoussi Commission, 2017. https://ec.europa.eu/eurostat/documents/8131721/8131772/Stiglitz-Sen-Fitoussi-Commission-report.pdf.

参考文献

1. Andrew Abbott. *The Future of Knowing*. University of Chicago. 2009. http://home.uchicago.edu/~aabbott/Papers/futurek.pdf.
2. P. Blom. *Nature's Mutiny: How the Little Ice Age of the Long Seventeenth Century Transformed the West and Shaped the Present*. Liveright Publishing, 2019.
3. P. Dasgupta. *The Economics of Biodiversity: The Dasgupta Review*. London: HM Treasury, 2021.
4. Fritjof Capra and Pier Luigi Luisi. *The Systems View of Life: A Unifying Vision*. Cambridge University Press, 2016.
5. Y. Hui. Singularity Vs. Daoist Robots — Is there another path than accelerated Western modernization? //N. Gardels, Noema Magazine, 2020. Retrieved from https://www.noemamag.com/singularity-vs-daoist-robots/.
6. D. Kahnman. *Thinking, Fast and Slow*. Farrar, Straus and Giroux, 2013.
7. D. H. Meadows, D. L. Meadows, J. Randers, William W. Behrens. *The Limits to Growth — A report for the club of Rome's project on the predicament of mankind*. Universe Books, 1972.
8. R. J. Shiller. *Narrative Economics — How Stories Go Viral & Drive Major Economic Events*. Princeton University Press, 2019.
9. J. E. Stiglitz, Jean-Paul Fitoussi, A. Sen. *Report by the Commission on the Measurement of Economic Performance and Social Progress*. Stiglitz-Sen-Fitoussi Commission, 2017. Retrieved from https://ec.europa.eu/eurostat/documents/8131721/8131772/Stiglitz-Sen-Fitoussi-Commission-report.pdf.
10. Ilya Prigogine and Isabelle Stengers. *Order out of Chaos: Man's New Dialogue with Nature*. Bantam Books, 1984.
11. 钱学森，于景元，戴汝为. 一个科学新领域——开放的复杂巨系统及其方法论. 自然杂志，1990 年，第 1 期.

INTERSPECIES MONEY

跨物种货币

乔纳森·莱德加德 —— 文
刘馨蔓 —— 译

"市场经济将资金注入矿产、票据和计算机代码，而不投资稀有、复杂和古老的生物生命延续（不管这有多么困难）——毫无意义。"

市场经济未能正确为自然资本估值，其后果之一便是其他物种面临大规模灭绝风险。为此，一种新型中央银行被倡议成立，即"他物种银行"（The Bank for Other Species/Banque pour d'autres espèces）。该机构将发行一种中央银行数字货币，每年能够准确地向非人类生命或它们的"数字孪生"（digital twins）提供数十亿美元物资。在2030年之前，由该银行发行、非人类持有的"跨物种货币"（interspecies money）将成为物种保护的重要资助来源。一些贫困国家生物多样性丰富，其他物种会为当地社区改善它们生存境况的服务付费，由此"跨物种货币"将有助于减少极端贫困。同时，也将会推动人工智能向自然界应用发展。对人类而言，机器界面（machine interfaces）可以更好地展示其他物种，而"跨物种货币"将首次提供一种获取野外永久数据的支付手段。将深度学习、GOFAI、全球规划和博弈论模型应用于社区和科学家收集的数据，跨物种信息共享将很快成为可能。随着信息社会的到来，数字身份（digital identity）指日可待，跨物种货币也将实现非线性飞跃。

为什么我们需要跨物种货币？

地球上各种生物生命的最大威胁是市场经济未能正确为自然资本定价。[1]大多数非人类生命的唯一价值就是其身体部件经过加工的价值。如果金钱有记忆[2]，它必然不记得与人类共同居住在地球上的800万个其他物种。它们没有给市场经济留下任何痕迹，正是因为没有任何钱被分配给它们或由它们持有。本文建议赋予野生动物、树木、鸟类、昆虫和微生物群落（或它们的"数字孪生"）一种以安全、可分割的方式持有数字货币的能力，这样它们就会有一个货币记忆，并在未来几个世纪的生命延续中正确权衡它们的偏好。

市场经济将资金注入矿产、票据和计算机代码，而不投资稀有、复杂和古

"迫切需要一类新型中央银行授权发行一种可以被非人类生命持有的中央银行数字货币,即一种跨物种货币。'他物种银行'将发行一种数字货币,暂时命名为'生命马克'(life mark)。"

Eli Craven 创作

老的生物生命延续（不管这有多么困难）——毫无意义。本文提出迫切需要一类新型中央银行授权发行一种可以被非人类生命持有的中央银行数字货币，即一种跨物种货币。"他物种银行"将发行一种数字货币,暂时命名为"生命马克"（life mark）——以德国马克（Deutsche mark）命名，因其在第二次世界大战后复苏了西德经济。2030 年之前，数十亿美元的资产将以"生命马克"（以下简称 LM 或 L 马克）持有。"跨物种货币"将是泛热带地区物种保护的主要资助来源，也是在野外获取数据（包括通过各种设备）最主要的支付手段。其他物种将把它们的 LM 花在提高其生存机会的服务上；它们还将向当地社区提供 LM 的贷款和投资。LM 将成为"他物种银行"的直接债务，和现金一样具有透明度、信任度、稳定性、法律地位和最终效力。由于 LM 具有计算性，所以指导它的货币和生态规则将被嵌入其中；LM 也具有可分割性，允许以前所未有的规模准确地实现小额跨境支付。

"跨物种货币"只是在其组合方面的一个科学突破，构建初始版本"生命马克"所需的技术已被广泛使用，可谓正逢其时。有些人甚至可能会说，生命系统（盖娅之类系统）正在生产其自身延续所需工具。

我们正处于进化史的一个临界点。其他物种在人类意识中居于边缘位置，我们很少考虑它们的需求，或者它们如何在世界上活动。这种情况将会改变。未来 10 年里，我们将开始以新视角思考非人类，并发展出一种替它们考虑的新伦理和新经济。对人类来说，它们不是同类，但也不再是"东西"。

本世纪 20 年代，将是有史以来非人类生命的关键 10 年。有生之年，我们正面临着过去 5 亿年来第六次物种大灭绝。[3] 目前现存的野生动物数量只有 1970 年的一半。鸡的数量已超过了所有野生鸟类。人类和牲畜的数量是所有野生动物的 25 倍。[4] 成千上万的物种，正面临着彻底灭绝或局部灭绝的风险。随着栖息地的消失或减少，灭绝率就会上升；灭绝会导致更多的消亡。鉴于人口增长以及对肉类生产和单一养殖的投资增加，人类的脚步将在耕作、放牧、砍伐、污染和各类损耗等方面继续向前。[5] 无论地球是否继续变暖，是否会遭受灾害性天气，都无法阻拦灭绝的脚步。科学家们直言不讳地指出，人类正在以数种方式摧毁我们赖以生存的生命结构。迫切需要采取大胆、迅速且具有实效性的干预措施。

为了最大限度地保护生物多样性，科学家和各国政府正努力寻求"到 2030 年充分保护地表的 30%"，并以可持续方式管理另外的 20%。[6] 本文解决了这一挑战的一部分，即如何创建一个支付系统，以改善构成了"人类世"第一线的泛热带森林、草原和湿地的边缘，以及人类与非人类的共栖（cohabitation）境况。

只有人类自身生活得以改善，良好共栖才能实现。尤其是穷人和无地者，必须从生活在他们周遭的复杂生命延续中受益。非洲、亚洲和拉美地区——科学家最希望保护的生物多样性重点地区，正受到日益增加的不安全和流离失所的困扰。世界上几乎所有的赤贫人口（约 7.2 亿人），都生活在因生态系统丧失而变得脆弱的地区。这里有着全球最高的人口增长率，最重的疾病负担，而这里的人们最有可能被遗弃、挨饿、遭受洪涝和干旱，也最有可能继续损耗或破坏周围环境。

现有环保方案资金不足。全球每年大约有 240 亿美元被用于环境保护，其中大部分用在工业化国家，只有一小部分到了赤贫人口手中。这些钱与全球每年花在宠物食品上的 970 亿美元相比，完全是小巫见大巫。即使野生动物灭绝了，宠物动物倒是变得拟人化了。

当前亟需一项突破，使得用于极端贫困地区的生物生命再生资金增加千倍。

有人提议，"他物种银行"（或者其私营部门的结算代理）为其他物种创建一个"数字孪生"体，用于它们的在线身份识别。从实操层面和法律角度来看，"数字孪生"体持有价值相当于几美分、几美元，甚至几万美元的 LM（稀有的生命持有价值可能相当于一块限量款劳力士手表）。智能代理和人工代理将允许非人类表达简单的偏好，资金将基于这些偏好进行支出或投资。

由于泛热带地区拥有最丰富的生物多样性，非洲、亚洲和拉丁美洲最贫穷和增长最快的社区将从"跨物种货币"中获益最大。事实上，其他物种将成为人类收入和投资资本的来源。在某些情况下，作为一种负担得起的、有效的减贫方式，LM 赚取的收入与现金直接支付转移相契合。总的来说，"跨物种货币"将有助于实现联合国可持续发展目标（SDGs）*中无贫穷（目标 1）、零饥饿（目标 2）和良好健康与福祉（目标 3），以及增加陆地生物（目标 15）和水下生物（目标 14）这几项目标。[7]

需要强调的是，"生命马克"是一种野生动物的价值储存。到本世纪中叶，数万亿美元的资金最终可能会留存在 LM 中。资本流动不断地进行定向和再定向、投资和再投资，始终以改善非人类和人类的生活为目标，并将修复和培育面临最大破坏风险的生态系统。LM 将不再像比特币那样挖掘数字，而是挖掘知识和物种发现，激励社区围绕自然保护自发组织，从而实现钱生钱、利滚利。

经济学家未能将自然提供的服务计入 GDP。[8] 这些服务包括健康的土壤、营养物质、清洁的空气和水。仅农作物授粉一项，每年就有约 4000 亿美元的价值。大自然还提供树荫、住所、风暴和洪水防护、天然食品、木材和橡胶等天然产品、防治虫害、生物仿生物种研究、基因和药物发现（大多数抗生素自然产生），以及控制人畜共患的病原体，其中最具破坏力的病原体，如鼠疫、麻风病、艾滋病、埃博拉、冠状病毒、非洲猪流感和禽流感等已经从野生动物传染给了人类和牲畜。据相关估值，大自然每年向工业提供的直接服务约值 40 万亿美元，

---

* 联合国可持续发展目标（SDGs）包括 17 个可持续发展目标，是实现所有人更美好和更可持续未来的蓝图。目标提出了我们面临的全球挑战，包括同贫困、不平等、气候、环境退化、繁荣、以及和平与正义有关的挑战。这些目标相互关联，旨在不让任何一个人掉队，计划必须在 2030 年之前实现每个目标。——译者

"由于泛热带地区拥有最丰富的生物多样性,非洲、亚洲和拉丁美洲最贫穷和增长最快的社区将从'跨物种货币'中获益最大。"

而自然资本的价值总额可能超过 80 万亿美元的全球 GDP。

"跨物种货币"取决于将价值分配给对生态系统的再生最有贡献的广泛物种，如树木和昆虫。但初期投资往往会考虑到稀缺性。所有的资源都能从有限中获得价值，罕见的非人类生命也是如此。它们的存在价值是真实的，其稀缺性使它们珍贵。如果在未来的某个时刻，一些物种达到了它们的承载能力（生态系统能承载的数量，如非洲象在非洲南部一些地区超过承载能力），它们所拥有的 LM 仍然可支付未来的服务费用，其投资收益都可能以红利形式返给当地社区、投资者、"他物种银行"进行再分配。

一些研究表明，生态系统服务可以量化到个体生命。非洲森林象每头价值约为 175 万美元，而其象牙价值约为 4 万美元。由于能够减少碳排放，大型鲸类每头价值约 200 万美元。[9] 同样，就其提供的服务而言，树木和土壤生物群落也可进行量化。[10]

在大型复杂系统中，非人类生命无疑具有经济价值，但不能基于经济理由对它们进行保护。从某种程度而言，生物多样性经济变得和生物圈经济一样毫无意义。由于只有一小部分现有物种存有记录，"跨物种货币"是否可以基于

灭绝风险模型创建尚未可知。恰恰相反，正是因为我们对生物世界的了解如此匮乏，LM 作为一种物种发现工具的支付机制才可能有效。（例如，人们认为存在的 100 多万种小虫中，只有 4.5 万种有记录，而 300 多万种真菌中，只有 10 万种被记录下来。）

对其他物种的保护，应该更倾向于伦理、美学和娱乐价值的基础之上。首先，LM 将寻求扩展人类的道德指南以涵盖其他物种。通过改善生活境遇和促进相互理解，LM 将支持长期以来防止虐待动物的诸多努力转化为现实成果，而更为重要的伦理贡献，则是物种的生存。未来的人类社会，应该有机会自己解决他们希望在世界上与哪些物种共生的问题。这种方法是神圣或内在价值的同义词，如在贝宁和印度等国，推动"到 2030 年对自然进行 30% 的保护"是对森林保护的延伸。这些富有生物多样性小岛的存在，对人类和其他生物具有神奇的精神价值，尤其是它们与瑰丽、祖先和繁衍息息相关。因此，为物种生存"买单"的理由既未来又古老；既取决于技术，也有赖于万物有灵论者的认识，即人类和非人类的生命强有力地交织在一起。

塑料、金属、玻璃、纺织品、水泥、砾石等人造材料每 20 年产量可翻一番，

> "生命马克（LM）将不再像比特币那样挖掘数字，而是挖掘知识和物种发现，激励社区围绕自然保护自发组织，从而实现钱生钱、利滚利。"

未来 10 年将继续增长。2020 年，人造物体质量首次超过了地球活生物量。[11] LM 将以一种安全可靠的方式帮助经济转向生物生命。事实上，在各国政府和市场寻找更有利于生物界而非制造业的途径时，这将构成 LM 的一个重要理论基础。

"跨物种货币"如何运作？

"跨物种货币"应具备以下功能:赋予非人类数字身份，准确定向金融价值，可用的分布式计算，收集足够的数据以建立一个受市场和政府信任的验证系统，运用人工智能和其他系统对收集数据进行建模，最重要的是，能够获得相关地区的信任与支持。

LM 将支付野外硬件部署费用，以构建高分辨率和高精度的数据集（称为"数据库"）。例如，社区护林员可能会配置手机来录制视频，记录或跟踪指定物种的位置；在水坑、小路或树冠上可能安装隐藏摄像头和麦克风。私营部门的合作伙伴还将创建转账所需的生物识别标记并以 LM 支付。实际上，野生动物或树，或它们的集合，具备了允许转移支付得以实现的条件——身份：我是，故我拥有（I am, therefore I own.）。钱包持有人若想购买一项服务或投资，必须及时显示它的所处状况，以及它是否正在接受已购买服务。

云计算、金融技术（包括加密货币）、卫星、无人机[12]和地面机器人等多种技术结合，使得"跨物种货币"具有可行性。其底层逻辑是，采用成本

最小化的手段通过在廉价传感器和手机上使用人工智能识别并准确跟踪野生动物。[13] 坦桑尼亚塞伦盖蒂国家公园（Serengeti National Park）很早就采用了人工智能技术，在相机拍摄的 320 万张捕捉图像中识别出 48 种物种，准确率达 94%。灵长类动物的识别准确率超过了 95%，而对诸如长颈鹿或猎豹等动物特征的视觉识别也已非常先进。还有其他基于视觉识别的例子，如通过读取绵羊的面部表情成功地检测其是否患有腐蹄病（foot rot），以及可以远程识别正在食用海草的儒艮。[14]

随着人工智能从传统基于标签的方法转向自动从数据输入中学习的卷积神经网络（convolutional neural network），对于许多物种来说，与 LM 相关的数据将比人力更有效。这些深度神经网络算法将扩展到植物和昆虫。例如，兰花需要专家的评估，因此很难人工整理出濒危兰花清单。在 29 000 种兰花中，约有 30% 受到威胁，但只有 1400 种被列入世界自然保护联盟（IUCN）红色名录。一种兰花标识符据称在野外已有高达 85% 的准确率，并且准确率最终将超过 95%。

数据集将被汇集储存到人工智能机器学习程序和多主体模拟中。这些数据大部分（或完全）是开源的，并将为基于云计算的全新知识系统提供信息，如微软的行星计算机，旨在建立一个地球生命的通用模型，还有谷歌的地球引擎（Google's Earth Engine）和野生动物洞见（Wildlife Insights）。人类智能将通过有偿或自愿的方式，给人工智能贴上标签，并加以改进。多边贷款机构、主权基金、私募基金、养老基金、保险基金、慈善家和其他投资者，都将能够利用生成的具体数据来验证 LM 向绿色金融转移的效能。例如，一个拉丁美洲的 LM 账户如果能证明其长期支持相关物种且数量越来越多，作为对生物多样性的补偿，它可能会获得更高的市场价值。

社区也将通过生成新数据受益，其中一些数据基于视觉、声音和基因进行物种勘探。LM 支付有助于生命规则知识的保存。[15] 地球上 870 万个物种中，只有 200 万个物种有科学记录。拥有 1.3 亿美元资金的国际生物条形码组织（International Barcode of Life，简称 iBOL）希望在未来 10 年里再鉴定 200 万个物种。其中一些工作可由极端贫困的人完成，他们可能因发现新物种或发现极其稀有物种而通过 LM 获得一笔意外之财。

长颈鹿可以支付自我保护费用

将声音作为可用数据源,我们持乐观态度。对于人工智能来说,声学特征较为复杂。与声音相比,视觉是静态的(将一张狐猴的照片翻转后人工智能仍然可以识别狐猴,而反向播放或慢速播放狐猴叫声录音时,人工智能就不能识别狐猴叫声了)。即便如此,对声音的神经系统处理也会有突破进展,与视觉相匹配。[16] LM 支付将有助于解决"鸡尾酒会问题"(cocktail party problem)*,这样即使在嘈杂的环境中,也可以分辨动物和昆虫的叫声(例如,可以将一只特定猕猴的叫声从其他叽叽喳喳的动物声音中提取出来)。这将允许非人类物种为热带森林的外围声站付费〔由非营利性组织如"雨林连线"(Rainforest Connection)牵头,识别丛林中鸟类和青蛙的声学特征〕。

人工智能另一项必要要素是博弈论进路,它允许重写非人类支付给人类的动机。将博弈论应用到可扩展算法中,将以更低的成本扩大干预范围,使 LM 支付在许多情况下优于传统支付。博弈论还被用于对抗场景,如阻止计算机网

---

* "鸡尾酒会问题"是在计算机语音识别领域的一个问题。当前语音识别技术已经可以以较高精度识别一个人所讲的话,但是当说话的人数为两人或者多人时,语音识别率就会极大地降低,这一难题被称为鸡尾酒会问题。——译者

络上的恶意行为或预测海盗对航道的攻击。它还可以优化复杂网络，如优化机场航线。

"生命马克"将利用博弈论的优势，在现实世界中构建一个可以每周调整和优化的元层（meta layer）。一个简单的博弈模型就可以告知社区一只努比亚长颈鹿（或者一群长颈鹿）持有 LM，并希望购买服务。LM 支付使长颈鹿和社区的利益平衡得以调整。只要长颈鹿持有 LM，博弈就会继续，而且符合当地规范、传统，具备长期稳定性。但博弈论需要对此类风险保持警醒：一个社区可能以一个稀有物种换取更高报酬，或者财政部门本身被操纵和欺诈。

这并不是说，在野外推动人工智能开发是容易的或总是可行的。人工智能还需要开发开放的类别系统（不仅是为了识别某种特定的飞蛾，还要识别许多其他不是飞蛾的有翼昆虫）。但人工智能不会成为"跨物种货币"的制约因素，尤其在于其所提供的解决方案能应用于完全不同的独立领域（例如，为自动驾驶汽车开发的传感器系统的解决方案，可能可用于野外传感器）。

发展方向非常明确。正如 20 世纪 50 年代关于野生动物的电视节目是单色的、模糊的、奇特的，但现在是彩色的、清晰的、科学的，LM 产生的数据质

量和多样性也将不断增强。到 2050 年，声音和视觉识别后可能会出现其他感官和化学特征识别。到那时，人工智能也许已经进化到能够闻到并触摸大自然了。

"跨物种货币"将在哪里释放最大效能？

创设"跨物种货币"的初衷是进行有针对性的保护。它将在泛热带的边缘地区发挥最大效用。在那里，非人类生命因无法改变自己的经济价值（它们唯一的价值是身体部件的总和）而饱受苦难。未来 10 年，LM 将首先应用于能够被定义甚至能表达简单偏好的动物，包括灵长类动物和大象等物种，它们的权利已经在人身保护令（habeas corpus rulings）下得到承认。[17]

可以再次以努比亚长颈鹿（长颈鹿指名亚种）为例。长颈鹿是最具标志性的动物之一，它们喜好简单，易被人类理解。然而，它们无处不在的玩偶和图像，并不能反映其在野外的濒危状态。现有野生长颈鹿数量已经从 1985 年的 16.3 万只下降到了 9.7 万只，还有 1700 只被圈养。由于栖息地被破坏、农民入侵和牛结核病，一些地方的长颈鹿数量锐减了95%。人们猎杀长颈鹿，主要是为了它们的肉、骨髓和尾巴（用于某种仪式）。它们会被带刺的铁丝网卡住，或在穿越公路时被车辆碾压。努比亚长颈鹿已是极度濒危物种。目前，在埃塞俄比亚、南苏丹和肯尼亚仅存2100只左右。LM将对它们有什么帮助呢？

首先，LM将根据面部识别、步态识别和个体标记给每只努比亚长颈鹿一个可信身份。有了这个身份，努比亚长颈鹿将拥有一些具有经济价值的"生命马克"（比如价值32 000美元的LM），并可以使用改善其生活条件。这些LM将用于支付分发手机、在水塘和道路沿线部署传感器等费用；也将为优先于牛和山羊使用水塘付费；在某些情况下，可能还需支付阻止偷猎者和焚毁者的安保费用。

长颈鹿需要的许多服务将会带来报酬或吸引更好的投资管理，这项工作通常由贫困地区承担。牧民将牛群从长颈鹿身边赶走，可能会得到补偿。村民们可以通过植树、建栅栏、在旱季保持良好的水塘来获得LM。准确观察长颈鹿粪便、指纹和毛发等，皆需要付费；无人机和卫星图像、天气数据和农业数据，以及经济和安全情报，均需要定期付费；星链等互联网络连接供应商的费用，也可能由具有LM的动物支付。它们还可能出资保护其他相关物种，如蜜蜂和其他授粉者，以及帮它们清除虱子的牛椋鸟。努比亚长颈鹿还可以用LM支付兽医费用。由于长颈鹿确定无疑会迁徙，在未来的某个时间点，也许一群长颈鹿可能自己出资迁徙到一个更安全的地方。

这是"生命马克"的一个简单应用实例。从努比亚长颈鹿这样稀有而富有魅力的生物身上获得的经验将被应用于其他巨型动物，包括极度濒危的蹄类动物，如希罗拉羚羊（不到1000只）、红胸瞪羚（3000只）和大角羚羊（12 000只）。

然而，保护性支出总是偏向于魅力型动物。动物园里最受欢迎的明星野外收入也极其可观。[18]在生态系统中识别伞护种，可能更有效。伞护种是最有可能维持一个生态系统（或可靠表明其健康状况）的物种。同等投资力度下，将LM从魅力型物种转向伞护种反过来将提升对魅力型物种的保护（例如，澳大利亚一项研究发现，以伞护种为保护目标的方式手段将陆地物种的保护率从6%提高到了46%）。

随着时间的推移，"生命马克"也将被一些不起眼的小生物，如树木和昆虫

**"非人类会为人类支付多项服务报酬，
如清理塑料垃圾、控制物种入侵、减轻人畜共患病、植树、记录、
追踪，日复一日，当地经济逐渐转型为自然经济。"**

所持有。[19] 拥有最特有物种的贫穷国家，如巴布亚新几内亚、马达加斯加、中非共和国和刚果民主共和国将受益最大。这些生态系统中的生物多样性通常积极影响人类的多样性：世界上四分之一的语言分布在亚马孙地区、新几内亚地区和刚果地区的热带雨林中。[20] 这些语言及其所属文化蕴含着对周围生态系统的深刻见解。

到 2030 年，要使地球地表保护程度达到 30%，最低廉且高效的方法就是对热带森林、河道以及动物迁徙路线予以保护。在这些森林边缘、河流及迁徙沿线，人类与非人类之间的竞争最为残酷，LM 能发挥最大效用。[21] 如果乌干达西部的黑猩猩能够为它们掠夺农作物造成的损害进行赔偿，或者马来西亚沙巴猩猩可以因 LM 获取身份，并在掠夺农作物之前向当地农民展示身份[22]，这不仅为永久共生（lasting cohabitation）打下基础，也将从经济层面定向非人类存在价值。所有这些例子都是为了吸引人类向非人类生存投资。

"生命马克"将为尼日利亚、埃塞俄比亚、印度和秘鲁等发展迅速的国家的自然修复提供担保。非人类会为人类支付多项服务报酬，如清理塑料垃圾、控制物种入侵[23]、减轻人畜共患病[24]、植树、记录、追踪。日复一日，当地经济逐渐转型为自然经济。

在早期阶段，"生命马克"将以最快速度流向修复能力最强的地区。一项名为"绿色忙碌"（green hustles）的启动方案（即通过微支付激励年轻人收集特定物种数据，或承担其他生态修复工作，如修复水塘或提供兽医护理等）具有极强的示范效应，并且其经验做法易被其他地区复制（例如，斯里兰卡

的一个组织，可能会向尼日尔的一个组织学习经验做法）。那些安全系数低、疏懒且信用度低的地区，将会被忽略。关键是，经济拮据而时间充裕的年轻人可以因此致富。

结论

作为一种新的中央银行（或私营部门的替代方案）发行的数字货币，"跨物种货币"和"生命马克"的整个概念将面临一些技术人员、科学家、生态学家、动物权利倡导者、哲学家和公众的批评，他们认为"生命马克"是一种不可接受的极端金融技术，是一种隐形殖民主义设计，试图把自然拖进摧毁它的人类经济中。还有人强烈反对，认为人类"泥菩萨过江自身难保"，在人类自身面临诸多风险之时还需关怀非人类难以接受，极端贫困人口的生活状况不应该受限于他们延长其他物种生存的能力。

这个数字平台声称可以给非人类分配经济价值，并向世界上最偏远和最荒蛮地区的人们传播，人们对其前景持怀疑态度是正确的。在21世纪，许多"数字胶囊"（digital panaceas）问世，但多数只是一场骗局。众所周知，财富总与可量化的物相关联，而生物生命则处于不断变化之中，难以预测。

关于"跨物种货币"的伦理担忧，可通过时效性条款来规制，例如可增设价值作废条款。自2123年起，自然将再次脱离人类经济，不再受其监管。但随着许多物种的偏好被认知、许多新知识得到证实以及生态系统得以修复再生，一个庞大、富饶的自然价值储存，将不会进行自我消解，而是继续为22世纪的管理作出贡献似乎更有可能。[25]

可是，"生命马克"真有可能做到准确、公平、实惠、简单、普及又安全吗？它既不会在重压下崩溃，不会将全景监测引入自然世界，也不会带来任何其他意外或破坏性的副作用吗？

怀疑或许是多余的，因为"跨物种货币"只有在被证明有效时才会扩大规模。而且，它不太可能在所有情境下都有效。博弈论只能给出一种近似值。当生态系统和社区受到武装歹徒、森林火灾和作物歉收等负面因素影响时，"生命马克"便无法发挥其货币功能。重要的是，它在某些条件下是有效的，而且可以安全

复制并不断改进。

灭绝并非不可避免。自1993年以来,已有数十个物种免于灭绝。卢旺达山地大猩猩的数量,已从20世纪80年代的200只增加到今天的1000多只。对濒危非人类物种的关怀,与对极端贫困人口的关爱并不矛盾。相反,他们的命运彼此交织。过分强调人类发展而非非人类生存,会故意忽略许多极端贫困人群未来10年的生活状况,他们赖以生存的生态环境将愈加恶劣。

"跨物种货币"的构想设计简单明了。2022—2023年在多个生态系统中开始试点。成功试点后,将会获得来自环保行业与计算机行业的支持。筹备阶段主要研究许多相关科学问题,如捕食、繁衍及物种的承载能力。2024年,"他物种银行"正式成立并铸造"生命马克"。它将保持数字自主,保留用于科学研究和资产类别的数据。从2025年开始,来自政府和机构投资者的巨额投入资金将逐步到位。较小投资者的大笔资金也会随之而来。其中许多投资,尤其是遗产投资,将以限制物种灭绝和支持其他生物再生为主要目标。相关法律制度也将完善。非人类(或其数字孪生)拥有的经济权利争议将可在很多地区采用法律手段解决,首先是被证明有自我意识的高等动物(例如,参见非人类权

> **"'跨物种货币'将是对互联网可用节点的扩展，
> 但其规模可能更大，也具有更重要的文化意义。
> '他物种银行'将是第一个面向非人类的数字平台。
> 对生物多样性的统计、分类和保护，
> 会发展成一种超出目前想象的经济与文化。"**

利计划，该项目成功地争取到了灵长类动物、大象和鲸类动物不被监禁或实验的权利）。[26]

自旧石器时代以来，万物有灵论（animism）就一直占据着人类的主流价值观。[27] 前文提到的宠物拟人化、纯素食主义者和素食主义者的兴起，以及非人类权利方面的进步，皆表明人类对其他物种的需求和更广泛的生物多样性更加重视。[28]

10 年内，我们可能会知道如何帮助非人类表达简单偏好。这将产生更广泛的伦理、生态和经济影响，尤其是对数量远远超过野生动物的家畜。同样的面部识别软件，既可以让一只红毛猩猩在野外获得身份和自由，也可以用于工业农场中对动物的监禁和屠宰。许多支持"跨物种货币"的人工智能解决方案，都是由寻求优化肉类生产的科技公司在中国养猪场推出的。泛热带地区的牧民可能会采用类似方法，如此他们的牛羊现金价值可能会逐年增加并得到保障。同样可能的是，LM 早期最大的投资可能来自纯素食者，他们认为这是一种削弱工业化农业的方式。

"跨物种货币"将是对互联网可用节点的扩展，但其规模可能更大，也具有更重要的文化意义。"他物种银行"将是第一个面向非人类的数字平台。对生物多样性的统计、分类和保护，会发展成一种超出目前想象的经济与文化。在某些情况下，神经科学和交流层面的发展突破，会使我们与其他物种跨越误解、空白和掠夺的鸿沟。从多样性、数量和时间深度来看，非人类生物的洞见很可能会改变我们对世界以及我们所处位置的某些功利主义观念。物种间的更大问题，将是人类、非人类与机器"共栖"。地球上的生命若要存续，机器智能将在不同物种之间发挥中介作用，促进相互照顾与理解。

此外，这个能够在地球上再生各种生命的系统将会自我资助（self-financing），并有利于那些因为经济地位低下而缺乏身份认同的极端贫困人口。从这点来讲，"跨物种货币"是一场普惠金融的激进冒险，以破除其他物种与其生活在一起而受益的极端贫困人口的信息不对称。B

本文系节选。原文收录于《突破——可持续发展前沿技术的眺望》（*Breakthrough: The Promise of Frontier Technologies for Sustainable Development,* Washington D.C.: Brookings Institution Press, 2022）第五章。

乔纳森·莱德加德（Jonathan Ledgard） 生于苏格兰设得兰群岛，技术专家、驻外记者、小说家。为拯救地球生物多样性，乔纳森创建了非人类物种数字资产。他是新兴经济体前沿技术、自然、风险领域的知名思想家，也是人工智能领域的客座教授。早前，他曾任《经济学人》（*The Economist*）驻外记者、战地记者，报道过60多个国家的头条新闻，屡获荣誉。因在移动电话进入非洲的报道中产生了很大感悟，使他弃文从理，从事技术工作。作为瑞士联邦理工学院（Swiss Federal Institute of Technology）的董事，他开拓了用于热带地区的无人机医疗服务，并与诺曼·福斯特（Norman Foster）共同提出了无人机港的构想。此外，他还是一位广受赞誉的小说家。其首部小说《长颈鹿》（*Giraffe*）讲述了关于人工饲养的故事，备受动物权利保护者推崇。第二部小说《淹没》（*Submergence*）被评为《纽约时报》年度图书，并由导演维姆·文德斯（Wim Wenders）改编成好莱坞电影。

1. Dasgupta; Claes and others, Mission Économie de la Biodiversité, World Economic Forum, Network for Greening the Financial System (2021). Nature Editorial Board.
2. Kocherlakota.
3. It is the threat of mass extinction that makes Interspecies Money a reasonable and important approach. The science is clear and grim, even though it does not yet account for most nonhuman species or for the potential cascade effects of climate change. See, for example, Ceballos, Ehrlich, and Raven; Barnosky; Kolbert; World Wildlife Foundation (WWF); Beach, Luzzadder-Beach, Dunning; Ceballos, Ehrlich, and Ehrlich; De Vos, Joppa, Gittleman, and others; Intergovernmental Science-Policy Platform on Biodiversity and Ecosystem Services (IPBES). International Union for Conservation of Nature (IUCN); Pimm and others.
4. For a new perspective of one's place on this planet, see Bar-On, Phillips, and Milo.
5. Barrett and others; Yamaguchi; Wackernagel, Lin, Evans, and others.
6. Waldron, Adams, and others; Lovejoy and Hannah; Conservation is moving closer to the Harvard biologist Edward O. Wilson's half-Earth ambition of setting aside 50 pecent of the planetary surface for nature. For context, see Wilson (1984) and Wilson (2002).
7. United Nations.
8. Dasgupta.
9. Chami and others; Banerjee and others.
10. Liang, Crowther, and others.
11. Bar-On, Phillips, and Milo.
12. Ledgard (2015).
13. See, for example, Fang and others; Brandes, Sicks, and Berger; Iacona, Ramachandra, and others.
14. See, for example, Tanaka and others.
15. Sweetlove.
16. Zhong and others; Hill and others; Ruff and others; Rappaport, Royle, and Morton.
17. Stone, Wise, and Posner.
18. Courchamp.
19. Stork.
20. The work of Elinor Ostrom is useful for Interspecies Money. See, for example, Ostrom (1990), (1992), and (1995). For indigenous participation, see, for example, Novotny; Muller, Hemming, and Rigney; Arrow.
21. Laurance and others; Cooke, Köhlin, and Hyde; Lovejoy and Nobre; MacArthur and Wilson.
22. Voigt and others; Santika and others; Campbell-Smith, Sembiring, Linkie.
23. Westphal and others.
24. Zoological Society of London (ZSL).
25. On stewardship, the author is indebted to a wide range of thinkers, including artists he works with, such as Olafur Eliasson. See, for example, Weil; Carson; Schama.
26. Nonhuman Rights Project.
27. Weber.
28. Bawa and others; Vaes and others.

参考文献

1. Arner, Douglas and others. 2020. "Stablecoins: Risks, Potential, and Regulation." Bank of International Settlements Working Paper No. 905.

2. Arrow, Kenneth J. 2000. "Observations on Social Capital." *Social Capital: A Multifaceted Perspective*. World Bank.

3. Auer, Raphael, Cyril Monnet, and Hyun Song Shin. 2021. "Permissioned Distributed Ledgers and the Governance of Money." Bank of International Settlements Working Paper No. 924.

4. Auer, Raphael, Giulio Cornelli, and Jon Frost. 2020. "Rise of Central Bank Currencies." Bank of International Settlements Working Paper No. 880.

5. Moles Fanjul, Patricia and others. 2020. *Climate and Environmental Risks and Opportunities in Mexico's Financial System from Diagnosis to Action*. Banco de Mexico and UNEP Inquiry.

6. Bank of Canada and others. 2020. Central Bank Digital Currencies Foundational Principles and Core Features. Basel: Bank for International Settlements.

7. Banerjee, Onil and others. 2020. "The Value of Biodiversity in Economic Decisionmaking." IDB Working Paper Series 01193.

8. Barnosky, Anthony. 2008. "Megafauna Biomass Tradeoff as a Driver of Quaternary and Future Extinctions." Proceedings of the National Academy of Sciences, v. 105, no. 1.

9. Bar-On, Yinon M., Rob Phillips, and Ron Milo. 2018. "The Biomass Distribution on Earth." Proceedings of the National Academy of Sciences, v. 115, no. 25.

10. Barrett, Scott and others. 2020. "Social Dimensions of Fertility Behavior and Consumption Patterns in the Anthropocene." Proceedings of the National Academy of Sciences, v. 117, no. 12.

11. Bawa, Kamaljit and others. 2020. "Opinion: Envisioning a Biodiversity Science for Sustaining Human Well-Being." Proceedings of the National Academy of Sciences, v. 117, no. 42.

12. Beach, Timothy Paul, Sheryl Luzzadder-Beach, and Nicholas P. Dunning. 2019. "Dark Matter Biodiversity." *Biological Extinction: New Perspectives*. Cambridge University Press.

13. Brandes, Stephanie, Florian Sicks, and Anne Berger. 2021. "Behavior Classification on Giraffes (Giraffa camelopardalis) Using Machine Learning Algorithms on Triaxial Acceleration Data of Two Commonly Used GPS Devices and Its Possible Application for Their Management and Conservation." Sensors, v. 21.

14. Campbell-Smith, Gail, Rabin Sembiring, and Matthew Linkie. 2012. "Evaluating the Effectiveness of Human-Orangutan Conflict Mitigation Strategies in Sumatra." *Journal of Applied Ecology*, 49.

15. Carson, Rachel. 1962. *Silent Spring*. Boston, Mass.: Houghton Mifflin.

16. Carstens, Agustin. 2020. "Shaping the Future of Payments." Bank of International Settlements Quarterly Review, March.

    ———. 2021. "Digital Currencies and the Future of the Monetary System." Bank of International Settlements Remarks to the Hoover Institution policy seminar, 27 January, www.bis.org/speeches/sp210127.pdf.

17. Ceballos, Gerardo, Anne H. Ehrlich, and Paul R. Ehrlich. 2015. "The Annihilation of Nature: Human Extinction of Birds and Mammals." John Hopkins University Press.

18. Ceballos, Gerardo, Paul R. Ehrlich, and Peter H. Raven. 2020. "Vertebrates on the Brink as Indicators of Biological Annihilation and the Sixth Mass Extinction." Proceedings of the National Academy of Sciences, v. 117, no. 24.

19. Chami, Ralph and others. 2019. "Saving the Whale: How Much Do You Value Your Next Breath?"

International Workshop on Financial System Architecture and Stability, working paper, https://iwfsas.org/iwfsas2019/wp-content/uploads/2017/02/Special-session-P3.pdf.

20 Chaum, David, Christian Grothoff, and Thomas Moser. 2021. "How to Issue a Central Bank Digital Currency." Swiss National Bank Working Paper No. 03.

21 Claes, Julien and others. 2020. "Valuing Nature Conservation: A Methodology for Quantifying the Benefit of Protecting the Planet's Natural Capital." McKinsey & Companyreport.www.mckinsey.com/~/media/McKinsey/Business%20Functions/Sustainability/Our%20Insights/Valuing%20nature%20conservation/Valuing-nature-conservation.pdf.

22 Clippinger, John. 2019. "Reflexive Mutual Series-LLC." *MIT Computational Law Report*. December.

23 Convention on Biological Diversity. 2017. "Green Bonds." www.cbd.int/financial/ greenbonds.shtml.

24 Cooke, Priscilla, Gunnar Köhlin, and William F. Hyde. 2008. "Fuelwood, Forests, and Community Management—Evidence from Household Studies." *Environment and Development Economics*, v. 13, no. 1.

25 Courchamp, Franck and others. 2018. "The paradoxical extinction of the most charismatic animals." PLOSBiology16(4).https://journals.plos.org/plosbiology/article?id=10.1371/journal.pbio.2003997.

26 Dasgupta, Partha. 2021. *The Economics of Biodiversity: The Dasgupta Review*. London: HM Treasury.

27 De Vos, Jurriaan M. and others. 2014. "Estimating the Normal Background Rate of Species Extinction." Conservation Biology, v. 29, no. 2.

28 EU Technical Expert Group on Sustainable Finance. 2020. "Taxonomy: Final report of the Technical Expert GrouponSustainableFinance." https://ec.europa.eu/info/sites/default/files/business_economy_euro/banking_and_finance/documents/200309-sustainable-finance-teg-final-report-taxonomy_en.pdf.

29 European Bank for Reconstruction and Development (EBRD). 2020. "Joint Report on Multilateral Development Banks." Climate Finance, v. 201.

30 European Commission. 2020. "EU Biodiversity Strategy for 2030." https://ec.europa.eu/environment/strategy/biodiversity-strategy-2030_en.

31 Fang, Fei and others. 2019. *Artificial Intelligence and Conservation*. Cambridge University Press.

32 Food and Agricultural Organization of the United Nations. 2020. "Yearbook of Forest Products." FAO, Italy.

33 Hill, Andrew P. and others. 2018. "AudioMoth: Evaluation of a Smart Open Acoustic Device for Monitoring Biodiversity and the Environment." *Methods in Ecology and Evolution*, v. 9, no. 5.

34 Iacona, Gwenllian and others. 2019. "Identifying Technology Solutions to Bring Conservation into the Innovation Era." Frontiers in Ecology and the Environment, v. 17, no. 10.

35 Intergovernmental Science-Policy Platform on Biodiversity and Ecosystem Services (IPBES). 2019. Global assessment report on biodiversity and ecosystem services of the Intergovernmental Science-Policy Platform on Biodiversity and Ecosystem Services. Eduardo Sonnewend Brondizio, Josef Settele, Sandra Diaz, and Hien Thu Ngo (editors). IPBES secretariat, Bonn, Germany.

36 International Union for Conservation of Nature (IUCN) and others. 2020. "Red List of Threatened Species, Version 2020." www.iucnredlist.org/.

37 Kirchhoff, Michael and others. 2018. "The Markov Blankets of Life: Autonomy, Active Inference, and the Free Energy Principle." Journal of the Royal Society Interface v.15, no.138.

38 Kocherlakota, Narayana R. 1996. "Money is Memory." *Federal Reserve Bank of Minneapolis Research Department Staff Report*, no. 218.

39 Kolbert, Elizabeth. 2014. *The Sixth Extinction: An Unnatural History*. New York: Henry Holt and Co.

40 Ledgard, Jonathan. 2015. "Better Use of the Lower Sky in a Sharing Economy." École Polytechnique Fédérale de Lausanne (EPFL) Working Paper, https://s3-eu-west-1.amazonaws.com/s3.sourceafrica.net/documents/120076/BETTER-USE-of-the-LOWER-SKY-in-a-SHARING.pdf.

41 www.interspecies.io/conferences/conversations2020public.

42 Laurance, William F. and others. 2002. "Ecosystem Decay of Amazonian Forest Fragments: A 22-Year Investigation." *Conservation Biology*, v. 16, no. 3.

43 Liang, Jingjing and others. 2016. "Positive Biodiversity–Productivity Relationship Predominant in Global Forests." *Science*, v. 354.

44 Lovejoy, Thomas E. and Lee Hannah. 2019. *Biodiversity and Climate Change: Transforming the Biosphere*. Yale University Press.

45 Lovejoy, Thomas E. and Carlos Nobre. 2019. "Amazon Tipping Point: Last Chance for Action." *Science Advances*, v. 5, no. 12.

46 MacArthur, Robert and Edward O. Wilson. 1967. *The Theory of Island Biogeography*. Princeton University Press.

47 Mission Économie de la Biodiversité. 2019. "Global Biodiversity Score: A Tool to Establish and Measure Corporate and Financial Commitments for Biodiversity." BioDiv 2050 Outlook: Club B4B+ Report, no. 14, www.mission-economie-biodiversite.com/wp-content/uploads/2019/04/N14-GBS-2018-UPDATE-MD_FR.pdf.

48 Montreal Declaration on AI. 2018. "Responsible AI." An Initiative of Université de Montréal, www.montrealdeclaration-responsibleai.com/the-declaration.

49 Muller, Samantha, Steve Hemming, and Daryle Rigney. 2019. "Indigenous Sovereignties: Relational Ontologies and Environmental Management." *Geographical Research*, v. 57, no. 4.

50 Nature. Editorial Board. 2021. "Momentum on Valuing Ecosystems Is Unstoppable." *Nature*, v. 591.

51 Network for Greening the Financial System (NGFS). 2021. *Sustainable Market Dynamics: An Overview*. NGFS Technical Document, www.ngfs.net/sites/default/files/media/2021/06/17/ngfs_report_sustainable_finance_market_dynamics.pdf.

52 Nonhuman Rights Project (2021). "Litigation." www.nonhumanrights.org/.

53 Novotny, Vojtech. 2010. "Rainforest Conservation in a Tribal World." *Biotropica*, v. 42, no. 5.

54 Ostrom, Elinor. 1990. *Governing the Commons: The Evolution of Institutions for Collective Action*. Cambridge University Press.

———. 1992. *Crafting Institutions for Self-Governing Irrigation Systems*. San Francisco: ICS Press.

———. 1992. "Incentives, Rules of the Game, and Development." Supplement to the *World Bank Economic Review and the World Bank Research Observer*.

55 Pimm, Stuart L. and others. 2014. "The Biodiversity of Species and their Rates of Extinction, Distribution, and Protection." *Science*, v. 344.

56 Pechoucek, Michal, Jonathan Ledgard, and Branislav Bosansky. 2019. "AI Game theoretic Considerations for an Interspecies Money Solution." Czech Technical University working paper.

57 Pictet Asset Management. 2020. *Planetary Boundaries: Measuring the Business World's Planetary Footprint*. Pictet and the Stockholm Resilience Centre, www.fuw.ch/wp-content/uploads/2020/03/pictet-asset-management-planetary-boundaries.pdf.

58 Polemis, Michael L. and Mike G. Tsionas. 2021. "The Environmental Consequences of Blockchain

Technology: Bayesian Quantile Cointegration Analysis for Bitcoin." *International Journal of Financial Economics*, v. 1, no. 20.

59 Posner, Richard A. 2000. Animal Rights (reviewing Steven M. Wise, Rattling the Cage: Toward Legal Rights for Animals (2000)). *Yale Law Journal*, v. 100, no. 527.

60 Rappaport, Danielle I., J. Andrew Royle, and Douglas C. Morton. 2020. "Acoustic Space Occupancy: Combining Ecoacoustics and Lidar." *Ecological Indicators*, v. 113.

61 Rockström, Johan and others. 2009. "A Safe Operating Space for Humanity." *Nature*, v. 461, no. 7263.

62 Rockström, Johan and others. 2020. "Planet-Proofing the Global Food System." *Nature Food*, v. 1.

63 Rubin, Sergio and others. 2020. "Future Climates: Markov Blankets and Active Inference in the Biosphere." *Journal of the Royal Society Interface*, v. 17, no. 172.

64 Ruff, Zachary H. and others. 2019. "Automated Identification of Avian Vocalizations with Deep Convolutional Neural Networks." *Remote Sensing in Ecology and Conservation*, v. 2, no. 125.

65 Santika, Truly and others. 2017. "First Integrative Trend Analysis for a Great Ape Species in Borneo." *Nature*, Scientific Reports, v. 7.

66 Schama, Simon. 1995. *Landscape and Memory*. New York: A.A. Knopf.

67 Shadbolt, Nigel and others. 2017. "Machine Learning and Artificial Intelligence." Ditchley Park working paper, www.ditchley.com/programme/past-events/2010-2019/2017/machine-learning-and-artificial-intelligence-how-do-we-make.

68 Smil, Vaclav. 2002. *The Earth's Biosphere: Evolution, Dynamics and Change*. Cambridge: MIT Press.

69 Stone, Christopher D. 1972. "Should Trees Have Standing—toward Legal Rights for Natural Objects." *Southern California Law Review*, v. 45.

70 Stork, Nigel E. 2018. "How Many Species of Insects and Other Terrestrial Arthropods Are There on Earth?" *Annual Review of Entomology*, v. 63, no. 1.

71 Sweetlove, Lee. 2011. "Number of species on Earth Tagged at 8.7million." *Nature*. www.nature.com/articles/news.2011.498.

72 Tanaka, Kotaro and others. 2021. "Automated Classification of Dugong Calls." *Acoustics Australia*, v. 10.

73 United Nations. 2015. "The Sustainable Development Goals." https://sdgs.un.org/goals.

74 United Nations Development Programme (UNDP). 2020. *Moving Mountains: Unlocking Private Capital for Biodiversity and Ecosystems*. New York: UNDP. www.biofin.org/knowledge-product/moving-mountains-unlocking-private-capital-biodiversity-and-ecosystems.

75 Vaes, Jeroen and others. 2016. "Minimal Humanity Cues Induce Neural Empathic Reactions toward Non-Human Entities." *Neuropsychologia*, v. 89.

76 Vinuesa, Ricardo and others. 2020. "The Role of Artificial Intelligence in Achieving the Sustainable Development Goals." *Nature Communications*, v.11.

77 Voigt, Maria and others. 2018. "Global Demand for Natural Resources Eliminated More than 100,000 Orangutans." *Current Biology*, v. 28.

78 Wackernagel, Mathis and others. 2019. "Defying the Footprint Oracle: Implications of Country Resource Trends." *Sustainability*, v. 11, no. 7.

79 Waldron, Anthony and others. 2020. "Protecting 30 Percent of the Planet for Nature: Costs, Benefits, and Economic Implications." Campaign for Nature working paper.

80 Weber, Andreas. 2020. *Animism as Ecopolitical Practice*. New Delhi, India: Heinrich Böll Stiftung India.

81 Weil, Simone. 1949. *The Need for Roots*. London: Routledge.

82 Westphal, Michael I. and others. 2008. "The Link Between International Trade and the Global Distribution of Invasive Alien Species." *Biological Invasions*, v. 10.

83 Wilson, Edward O. 1984. *Biophilia*. Harvard University Press.

———. 2002. *The Future of Life*. New York: Alfred A. Knopf.

84 Windsor, Charles HRH Prince of Wales. 2021. "Terra Carta: For Nature, People & Planet." www.sustainable-markets.org/terra-carta/.

85 Wise, Steven M. 2000. *Rattling the Cage: Toward Legal Rights for Animals*. New York: Perseus Press.

86 World Economic Forum. 2020. *Nature Risk Rising: Why the Crisis Engulfing Nature Matters for Business and the Economy*. Geneva: World Economic Forum, http:// www3.weforum.org/docs/WEF_New_Nature_Economy_Report_2020.pdf.

87 World Wildlife Fund (WWF). 2020. *Living Planet Report 2020: Bending the Curve of Biodiversity Loss*. Almond, Rosamunde, Monique Grooten and Tanya Petersen (eds.). Gland, Switzerland: World Wildlife Fund.

88 Yamaguchi, Rintaro. 2018. "Wealth and Population Growth Under Dynamic Average Utilitarianism." *Environmental Economics*, v. 23, no. 1.

89 Zhong, Ming and others. 2021. "Multispecies Bioacoustic Classification Using Transfer Learning of Deep Convolutional Neural Networks with Pseudo-Labeling." *Applied Acoustics*, v. 166, no. 25.

90 Zoological Society of London (ZSL), 2020: "Position Statement on COVID-19: Wildlife Exploitation and Trade, Zoonotic Disease and Human Health." ZSL position paper, www.zsl.org/zsls-position-statement-on-covid-19-wildlife-exploitation-and-trade-zoonotic-disease-and-human-0.

II

生命科学中的"共生"与
东方"共生"哲学

SYMBIOSIS
IN LIFE SCIENCES
AND THE NOTION
OF GONGSHENG
IN EASTERN
PHILOSOPHIES

MICROBIOME IS REDEFINING THE NOTION OF HUMAN BEING

人体共生微生物研究正在修改"人"的定义

赵立平——文

> "近些年来，关于人的定义遭遇一场比较严峻的挑战。就是在微生物生态学推动下人体共生微生物的研究进展带来的。"

什么是"人"？如何定义"人"这个地球行星上唯一的智慧物种？这是非常重要也最具争议的话题之一。关于"人"的定义的研究论文浩如烟海，给"人"下定义的学科也非常之多。大家可能没有想到的是，我作为一个微生物学家，更确切地说，一个微生物生态学家，今天也来凑这个热闹，参加这场讨论。

可以说,任何一个以"人"为对象的学科，都需要从自己学科的角度给"人"下定义。考虑到人的特征可以分为自然属性和社会属性，给人下定义的学科，也可以是自然科学或者人文社会科学。大家可能认为，以人的自然属性为对象的学科在给人下定义的时候，由于研究对象比较客观，争议应该比较小。特别是人类生物学（Human Biology），是以人体的解剖结构和生理特征为对象的学科。从这个学科出发，对人进行定义，应该会有明确的内涵和边界，最不应该产生太大的争议。令很多人都没有想到的是，恰恰就是人类生物学这个学科，近些年来，其关于人的定义遭遇一场比较严峻的挑战。这场挑战，就是在微生物生态学推动下人体共生微生物的研究进展带来的。

人体共生微生物与疾病存在因果关系

人体共生微生物指的是定居在人体内外的所有微生物的总和，可以被称为人体微生物群系（Human Microbiome）。人体微生物群系的主要部分是在肠道里面，因此，也被称为肠道菌群（Gut Microbiota）。1670年，列文虎克（Antoni van Leeuwenhoek，荷兰显微镜学家、微生物学的开拓者）用自制的简易显微镜

"肠道菌群与慢性病的因果关系的证明在 21 世纪初取得了突破性的进展，主要得益于'菌群移植'的技术手段带来的证据。"

观察自己的牙垢，发现很多游来游去的"小动物"，这可以说是人类第一次发现自己的身体里居然生活着大量的其他生物。巴斯德（Louis Pasteur）和科赫（Robert Koch）等微生物学的先驱，建立了传染病的病原学说，使人类认识到传染病是微生物进入人体引起的，从而在传染病的预防和治疗领域引起了翻天覆地的革命性变化，使人类控制传染病危害的能力得到了巨大的提升，挽救了无数的生命。

当然，这些研究，也使大多数人时至今日，依然是谈微生物色变。因为，在大家的心目中，微生物是有害的，进入我们的身体会让我们得病，威胁我们的生命。因此，大家要远离微生物，尽量把环境中人体能接触到的微生物杀灭，以避免自己被感染。

但是，微生物学的先驱之一、俄国科学家梅契尼科夫（Elie Metchnikoff）1908 年第一次明确提出，人体内外，特别是肠道内，共生着大量的微生物，这些微生物多数是无害，甚至是有益的，对维持我们的健康非常重要。当然，我们肠道里也有一些能够产生有毒物质的微生物，这些有害微生物如果太多了，就会引起疾病，加快衰老。梅契尼科夫也是第一个认为，保加利亚的农民健康长寿的人比较多，是因为他们每天都喝的酸奶里面的微生物可以压低肠道里的有害微生物，减少毒素的产生。

自梅契尼科夫提出这些观点到 21 世纪初 100 多年的时间里，相关的研究和产业化一直都在进行，但是，由于技术手段的限制，没有能够产生足够的可以证明因果关系的科学证据，得不到主流医学界的普遍认可。

> "肠道菌群作为一个整体在人体多种疾病中具有引起相应症状的能力，其与疾病的关系是因果关系，而不仅仅是相关关系。"

    肠道菌群与慢性病的因果关系的证明在 21 世纪初取得了突破性的进展，主要得益于"菌群移植"的技术手段带来的证据。这起始于 2004—2006 年间，美国 Gordon 实验室以无菌小鼠为模型发表的一系列研究论文。[1-3] 他们发现，无菌小鼠吃高热量的饲料不会肥胖，当把正常小鼠的菌群移植给无菌小鼠后，受体小鼠热量的摄入比无菌的时候减少，但是，却开始大量积累脂肪，最终成为肥胖小鼠。他们把一胖一瘦的一对同卵双胞胎人的菌群移植到无菌小鼠，接受了肥胖供体的受体小鼠积累的脂肪显著高于接受了瘦的供体的。这些研究在小鼠里证明了肠道菌群与引起肥胖存在因果关系。[4]

    这些结果的发表，与 2005—2008 年间，国际人类微生物群系联盟（IHMC）酝酿和成立，开始大规模对人体共生微生物进行测序遥相呼应，引发了科学界重新认识和研究肠道菌群的热潮。

    为了将小鼠模型的结果推广到人体，进一步证明人体肠道菌群也有引起肥胖的作用，2012 年，荷兰科学家在肥胖病人中进行了随机双盲的菌群移植试验。他们将病人随机分成两组，一组接受了用来自瘦的健康供体的粪便制备的肠道菌群，另一组接受的是自己的肠道菌群。结果，接受了瘦的供体菌群的病人，其胰岛素敏感性有显著改善。[5] 虽然两组的体重没有差别，胰岛素敏感性的改善在 6 周后也消失了，但这个研究结果第一次提示科学界，人的肠道菌群可能与 Gordon 实验室研究过的小鼠一样，在引发和加重肥胖这类慢性病中可能也有因果关系的作用。

    2015 年，我们实验室将患有小胖威利综合征的重度肥胖儿童的肠道菌群移

人体共生微生物研究正在修改"人"的定义

Daniel Martin Diaz 创作

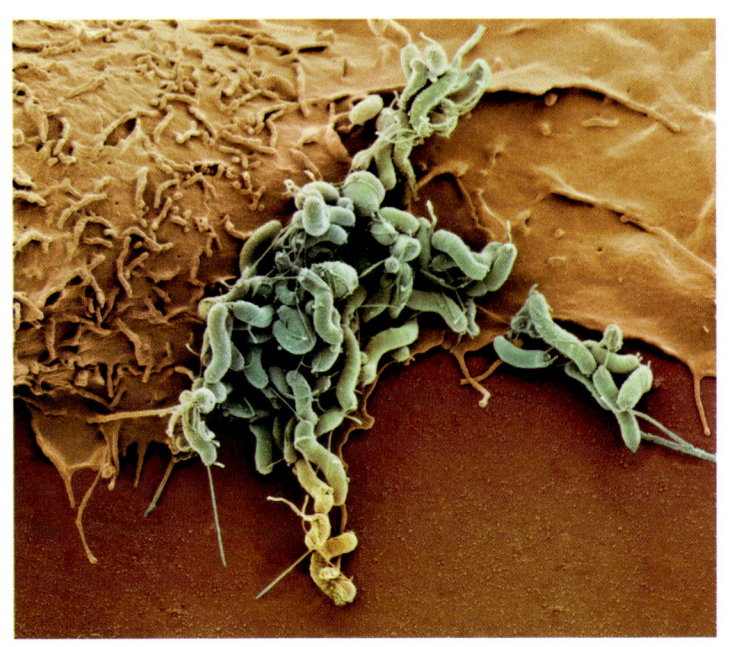

植到无菌小鼠肠道内，结果受体小鼠开始大量积累脂肪，甚至出现脂肪肝的症状。[6] 2018 年，我们把 2 型糖尿病人的菌群移植到无菌小鼠体内，受体小鼠的空腹血糖升高，口服糖耐量实验也表明，它们出现胰岛素抵抗。[7]值得注意的是，在这些将病人的菌群移植到无菌动物的实验中，受体动物没有遗传缺陷，其饲料也是正常饲料。在仅仅得到病人的肠道菌群的情况下，受体小鼠就出现了与供体病人类似的疾病症状。这些结果，非常有力地证明，病人的肠道菌群具有引起疾病症状的能力，而且只要有病人的菌群就足以引起相应的症状，不受动物自身基因和饮食的影响。

2012 年，我们实验室从一个重度肥胖的病人肠道里分离到一株阴沟肠杆菌细菌，接种到无菌动物体内可以复制出肥胖、胰岛素抵抗和脂肪肝等所有肥胖供体的症状，说明肠道菌群中的确有一些具体的细菌具有像引起传染病一样引起肥胖和糖尿病的能力。[8]

现在，多种人体疾病都进行了菌群移植实验，结果都表明，病人的菌群具有引起相应疾病症状的能力。甚至在神经精神和行为相关疾病中，也发现了菌群的致病能力。例如，2016 年，谢鹏实验室将抑郁病人的肠道菌群移植给无菌

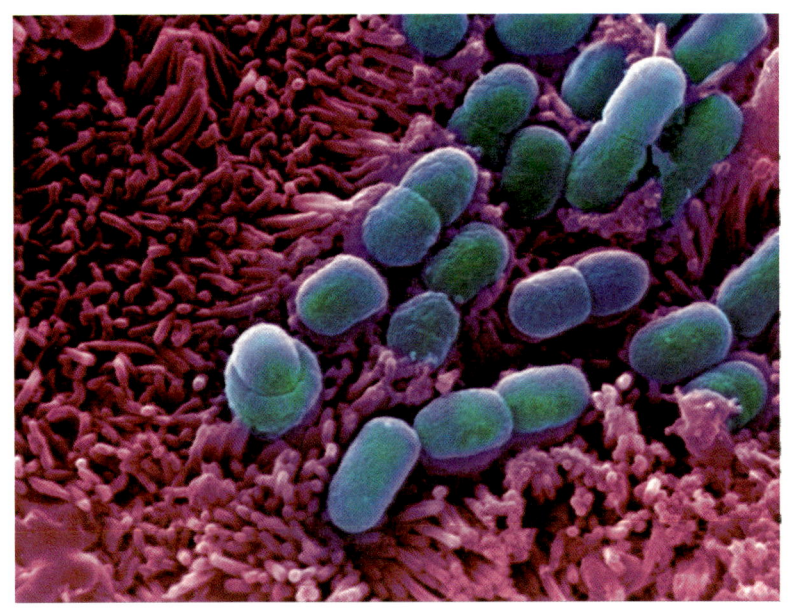

小鼠，受体小鼠结果出现抑郁的症状。[9]这些结果提示我们，肠道菌群作为一个整体在人体多种疾病中具有引起相应症状的能力，其与疾病的关系是因果关系，而不仅仅是相关关系。

在所有这些人体菌群移植到无菌动物的实验中，健康对照的菌群或者病人在膳食干预之后的菌群，在受体小鼠中是不会引起疾病症状的。这就说明，肠道菌群并不是与生俱来就令人生病的。相反，肠道菌群是维护我们的健康必不可少的。只有当它的结构因为种种原因被破坏，有害微生物开始占优势以后，肠道菌群才能引起疾病。

肠道菌群是一个被遗忘的人体"器官"

这些证明肠道菌群与疾病因果关系的研究，都使用了"菌群移植"的技术手段。"移植"这个词，不禁令人联想到"器官移植"。的确，有不少学者就直接提出，肠道菌群应该被看作人体的一个"器官"。由于主流医学界长期忽视肠道菌群在人体健康维护和疾病发展中的地位和作用，因此，有学者把其称为

行星思维与共生哲学

Daniel Martin Diaz 创作

一个"被遗忘的器官"。[10]

难道人类生物学发展到今天,真的居然还有一个人体的"器官"没有被识别、定义和认真研究过吗?当然,能不能把肠道菌群看作人体的一个器官,是存在争议的。之所以这样,是因为,这个"器官"不是由人的细胞构成的,而是由微生物的细胞构成的。既然不是人的细胞构成,从人体解剖学的角度,就不能将肠道菌群看作人的一个"器官"。但是,越来越多的证据表明,肠道菌群除了其构成细胞不是人的细胞以外,其功能和对人体生命健康的重要性一点也不亚于人体的各种已知器官。

像人体的其他器官一样,肠道菌群是人人都有的,而且对维持个体正常生命健康是必不可少的。

"像人体的其他器官一样,肠道菌群是人人都有的,而且对维持个体正常生命健康是必不可少的。"

首先,肠道菌群对调节免疫和抵抗疾病具有重要作用。无菌动物对传染病非常敏感,例如,能够引起肠道感染的痢疾杆菌,要在有正常菌群的小鼠中引起疾病,需要接种至少 10 万个细胞。但是,在无菌小鼠中,只需要接种 10 个病菌细胞就可以造成感染死亡。[11] 这是因为,无菌动物的免疫系统处在没有发育完全的状态,对病菌几乎没有识别和抵抗的能力。而正常菌群通过占据肠道内的所有生态位点产生竞争排斥入侵病菌的生态占位效应,可以帮助宿主有效抵御病菌感染。[12]

也有研究发现,用抗生素清除肠道菌群以后,小鼠对流感病毒等呼吸道病毒感染的免疫反应受阻,发病的严重度和死亡率大幅度上升,这说明,正常的肠道菌群对维持抗病毒免疫也非常重要。[13-14] 新冠的全球大流行与菌群失调的关系,就非常值得关注。

> "肠道菌群对维持人体正常生命活动具有不可或缺的作用，一点也不亚于肝脏、心脏、肾脏等人体各种器官。将肠道菌群看作人体的一个器官，应该是实至名归的。"

  肠道菌群可以"教育"我们的免疫系统学会识别敌我，对于条件致病菌产生一定的免疫耐受，从而避免过度的免疫反应对人体其他器官的伤害。例如，在发育的早期没有接触到病菌抗原的儿童，后期容易出现1型糖尿病等自身免疫性疾病。[15]

  肠道菌群可以影响动物的器官发育。无菌动物的肠道黏膜结构等器官的发育是不完全的，有了正常菌群以后，肠道的表皮细胞（特别是绒毛状结构）才能发育完成。[16]

  肠道菌群甚至可以调节大脑中枢神经活动和调节动物的行为。[17] 肠道细菌可以产生几乎所有已知的人体神经递质，例如多巴胺和血清素等[18]。因此，肠道菌群可能会参与调节人体神经的兴奋和抑制程度，从而调节我们的心情。肠道细菌也可以刺激肠道的内分泌细胞产生一些肽类激素，例如酪酪肽，去调

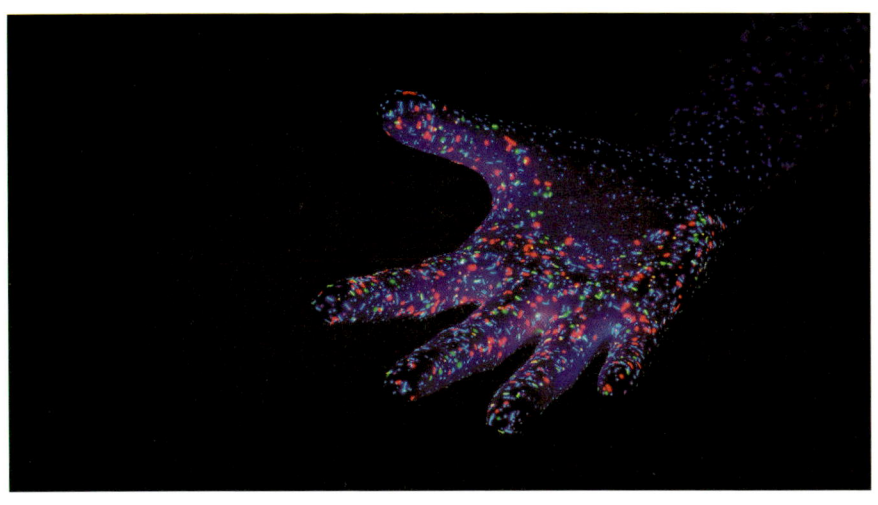

> **"作为一个器官,肠道菌群的构成方式决定了其边界不会很清晰,甚至可以说,肠道菌群这个器官会从一个人延伸到周围其他亲密接触的人体内。"**

节大脑的食欲中枢神经的活动。[19]

在营养和药物代谢方面,肠道菌群也已知可以产生多种维生素,并通过与人体竞争食物中的维生素来影响人体的营养和代谢。[20]肠道菌群携带了大量的药物代谢的基因,其影响药物代谢的能力一点也不亚于肝脏。人体对药物的很多个性化反应可能不是人的基因差别造成的,而是肠道菌群的代谢基因差别造成的。[21]

像人体的其他器官一样,肠道菌群的结构会被各种因素破坏,从而失去维护健康的功能,甚至导致和加重疾病。这一点,在前面讨论肠道菌群与人体慢性病发生发展的因果关系时已经说明了。像人体的其他器官可以被移植一样,肠道菌群是可以在人与人之间进行转移的,也就是所谓的"菌群移植"。从古代中医的粪便入药,到2012年荷兰科学家成功用健康人的粪便菌群高效治愈

了艰难梭菌引起的顽固性腹泻，[22] 都提示我们，肠道菌群对维持人体正常生命活动具有不可或缺的作用，一点也不亚于肝脏、心脏、肾脏等人体各种器官。将肠道菌群看作人体的一个器官，应该是实至名归的。

肠道菌群挑战人体"器官"的定义

肠道菌群也具有人体其他器官不具有的新的特征。例如，与其他器官移植不同的是，一个健康人在把自己的菌群移植给病人后，他自己的菌群并没有失去。这是因为，肠道菌群中的成员都是可以自我繁殖的微生物。一个好的肠道菌群只要方法得当，可以不断移植给需要的病人，可以做到取之不尽，用之不竭。

肠道菌群并不是从父母那里遗传来的，这一点与其他人体器官是不同的。构成正常菌群的微生物，主要是从父母后天传递给我们的。胎儿体内基本是无菌的，出生的时候，在经过产道的时候和吃母乳的时候，会把重要的细菌接种到肠道内。出生以后，大量的微生物会继续从环境里进入肠道，在和免疫系统互作令免疫系统对其产生耐受以后，就获得在肠道里的"长期居留权"定居下来，成为正常菌群的成员。到3岁左右，人体菌群结构就稳定下来，可以认为作为一个"器官"就发育成熟了。[23]

由于微生物进入人体带有一定的随机性和偶然性，因此，不会有两人的肠道菌群结构完全一样，出生时间只差几分钟的同卵双胞胎也不会具有一样的菌群。在我们成长发育的过程中，我们接触到的人都可能把自己的一些肠道菌传递给我们。例如，父亲通过爱情游戏把自己的共生菌传给母亲，再由母亲传给孩子。过去祖母在带小孙子的时候，会把馒头嚼过以后再喂给孩子，这样就把自己的共生菌也传给了孩子。我们在说话的时候，会有大量的微生物通过唾液微滴喷射出来，实现在人与人之间的传递。因此，孩子早期接触的很多人都可能对其肠道菌群的发育产生影响。

很显然，作为一个器官，肠道菌群的构成方式决定了其边界不会很清晰，甚至可以说，肠道菌群这个器官会从一个人延伸到周围其他亲密接触的人体内。这也是其他器官不具备的特征。这种从环境里来，却又定居在人体内部，能够密切影响人体几乎生命活动全部过程的微生物的生态系统，应该不应该被看作

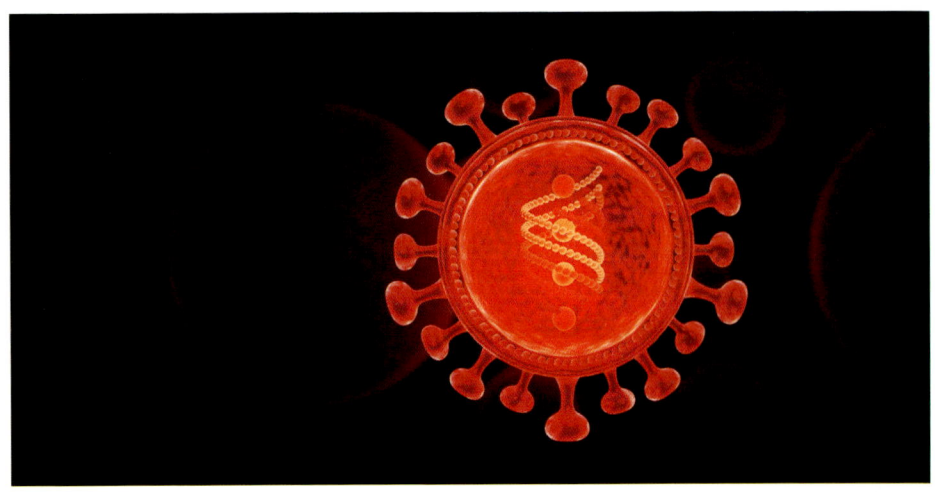

一个器官,的确在挑战我们对人体"器官"的定义。

我们需要重新定义"人"的概念

受到挑战的其实不只是一个器官的定义,而是"人"的定义,至少是人的生物学定义。当我们定义"人"的时候,一个必须面对的问题是:以肠道菌群为代表的共生菌群是否应该被包括在人体的正常解剖学组成里面。

可以设想,如果把肠道菌群作为一个正常人体器官包括在医学院的课程大纲里,从新生学习解剖学开始,就可以系统介绍人体共生微生物群系组成结构与健康和疾病的关系,未来的医生就会在自己行医的过程中,把肠道菌群对疾病的诊断、预防和治疗的作用和影响考虑在内,这将彻底改变人类医学的面貌。

如果以解剖学为核心之一的人类生物学把肠道菌群作为一个正常人体器官包括进来,与之有关的人体心理、行为和社会特征的研究也将不得不考虑共生微生物的地位和作用。显然,人与人之间的各种社会交往过程中,都可能同时发生菌群的交换和交流,过去认为的人的纯粹社会行为,也许有着菌群互作的

> "当我们定义'人'的时候,一个必须面对的问题是:以肠道菌群为代表的共生菌群是否应该被包括在人体的正常解剖学组成里面。"

生物学基础。因此,人的社会交往网络与人的菌群交换网络之间的关系如何影响人的行为就非常值得探究。[24]

所有这些变化都会最终折射到新的伦理行为规范和法律法规的建立上,从而影响每个人追求健康和幸福的权利。例如,如果肠道菌群是人体的一个正常器官,那它的所有权肯定应该是属于每个人的。但是,由于这个器官自己可以繁殖,往往其主要成员可以从一个人的粪便中获得,那么每个人对自己这个重要器官的所有权的边界在哪里?如何实现保护?这些问题带来了新的伦理和法律的挑战。

再比如,如果通过人与人之间的接触是儿童菌群发育的一个重要途径,那么我们为了防疫而采取的戴口罩、保持社交距离和环境消毒等措施,如果长期使用,会不会使疫情后的一代人都出现肠道菌群发育先天不足,从而对这一代人的健康产生重大影响?[25] 如果整整一代人没有能够把一些重要的肠道共生菌接受下来,会不会造成这些细菌在人群中的灭绝和失传,从而令疫情后,世世代代的人类健康都发生不可挽回的影响?[26] 这些问题在把肠道菌群看作一个人的器官从而修改了人的定义以后,绝不是危言耸听,而是自然而然需要认真考虑和研究的问题。

很显然,如果按照1958年诺贝尔奖获得者莱德伯格(Joshua Lederberg)的观点,把人看作人的细胞和其共生的微生物的细胞共同构成的"超级生物体"的话[27],不仅仅是作为医学基础的人类生物学会发生重大变化,与人类研究有关的几乎所有的自然和人文社会学科都会因此发生重大变化。毫不夸张地说,

一场波澜壮阔的学科革命正在向我们扑来，所有与人类研究有关的学科都不得不认真面对。B

> **赵立平** 美国罗格斯大学生物化学与微生物学系埃弗里芬腾冠名（终身）讲席教授，上海交通大学生命科学技术学院微生物学特聘教授。

---

1. Peter J. Turnbaugh, Ruth E. Ley, Michael A. Mahowald, Vincent Magrini, Elaine R. Mardis & Jeffrey I. Gordon, "An obesity-associated gut microbiome with increased capacity for energy harvest", *Nature*, 2006, vol. 444, pp. 1027—1031.
2. Fredrik Bäckhed, Hao Ding, Ting Wang, and Jeffrey I. Gordon, "The gut microbiota as an environmental factor that regulates fat storage", *Proc Natl Acad Sci USA*, 2004, vol. 101, pp. 15718—15723.
3. Ruth E. Ley, Peter J. Turnbaugh, Samuel Klein, Jeffrey I. Gordon, "Microbial ecology: human gut microbes associated with obesity", *Nature*, 2006, vol. 444, pp. 1022—1023.
4. Vanessa K. Ridaura et al., "Gut microbiota from twins discordant for obesity modulate metabolism in mice", *Science*, 2003, vol. 341.
5. A.Vrieze et al., "Transfer of intestinal microbiota from lean donors increases insulin sensitivity in individuals with metabolic syndrome", *Gastroenterology*, 2012, vol. 142.
6. Zhang Chenhong, Yin Aihua, Lihongde, Wang Ruirui et al., "Dietary Modulation of Gut Microbiota Contributes to Alleviation of Both Genetic and Simple Obesity in Children", *EBioMedicine*, 2015.
7. Zhao Liping, Zhang Feng, Ding Xiaoying, Wu Guojun, Y. Lam Yan, Wang Xuejiao, Fu Huaqing, Xue Xinhe, Lu Chunhua, Ma Jilin et al., "Gut bacteria selectively promoted by dietary fibers alleviate type 2 diabetes", *Science*, 2018, vol. 359, pp. 968—984.
8. Fei Na, Zhao Liping, "An opportunistic pathogen isolated from the gut of an obese human causes obesity in germfree mice", *ISME J*, 2013, vol. 7, pp. 880—884.
9. Zheng P, Zeng B, Zhou C, Liu M, Fang Z, Xu X, et al., "Gut microbiome remodeling induces depressive-like behaviors through a pathway mediated by the host's metabolism", *Mol Psychiatry*, 2016, vol. 21, pp. 786—796.
10. AM O'Hara, F. Shanahan, "The gut flora as a forgotten organ", *EMBO Rep*, 2016, vol. 7, pp. 688—693.
11. My Young Yoon, Keehoon Lee and Sang Sun Yoon, "Protective role of gut commensal microbes against intestinal infections", *J Microbiol*, 2014, vol. 52, pp. 983—989.
12. Nobuhiko Kamada, Grace Y Chen, Naohiro Inohara and Gabriel Núñez, "Control of pathogens and pathobionts by the gut microbiota", *Nat Immunol*, 2013, vol. 14, pp. 685—690.
13. Michael C. Abt, Lisa C. Osborne, Laurel A. Monticelli, Travis A. Doering et al., "Commensal bacteria calibrate the activation threshold of innate antiviral immunity", *Immunity*, 2012, vol. 37, pp. 158—170.
14. Takeshi Ichinohe, Iris K. Pang, Yosuke Kumamoto and Akiko Iwasaki, "Microbiota regulates immune defense against respiratory tract influenza A virus infection", *Proc Natl Acad Sci USA*, 2011, vol. 108, pp. 5354—5359.
15. GA Rook, "Hygiene hypothesis and autoimmune diseases", *Clin Rev Allergy Immunol*, 2012, vol. 42, pp. 5—15.

16 R Sharma, U Schumacher, V Ronaasen, M Coates, "Rat intestinal mucosal responses to a microbial flora and different diets", *Gut*, 1995, vol. 36, pp. 209—214.

17 JF Cryan, TG Dinan, "Mind-altering microorganisms: the impact of the gut microbiota on brain and behaviour", *Nat Rev Neurosci*, 2012, vol. 13, pp. 701—712.

18 P. Strandwitz, "Neurotransmitter modulation by the gut microbiota", *Brain Res*, 2018, 1693 (Pt B): 128—133.

19 PD Cani, NM Delzenne, "The role of the gut microbiota in energy metabolism and metabolic disease", *Curr Pharm Des*, 2009, vol. 15, pp. 1546—1558.

20 Jean Guy LeBlanc, Christian Milani, Graciela Savoy de Giori, Fernando Sesma, Douwe van Sinderen and Marco Ventura, "Bacteria as vitamin suppliers to their host: a gut microbiota perspective", *Curr Opin Biotechnol*, 2013, vol. 24, pp. 160—168.

21 Peter Spanogiannopoulos, Elizabeth N. Bess, Rachel N. Carmody and Peter J. Turnbaugh, "The microbial pharmacists within us: a metagenomic view of xenobiotic metabolism", *Nat Rev Microbiol*, 2016, vol. 14, pp. 273—278.

22 Els van Nood, Anne Vrieze, Max Nieuwdorp, Susana Fuentes, Erwin G Zoetendal, Willem M de Vos, Caroline E Visser, Ed J Kuijper, Joep F W M Bartelsman, Jan G P Tijssen, Peter Speelman, Marcel G W Dijkgraaf, Josbert J Keller, "Duodenal infusion of donor feces for recurrent Clostridium difficile", *N Engl J Med*, 2013, vol. 368, pp. 407—415.

23 Tanya Yatsunenko, Federico E. Rey, Mark J. Manary, Indi Trehan, Maria Gloria Dominguez-Bello, Monica Contreras, Magda Magris, Glida Hidalgo, Robert N. Baldassano, Andrey P. Anokhin, Andrew C. Heath, Barbara Warner, Jens Reeder, Justin Kuczynski, J. Gregory Caporaso, Catherine A. Lozupone, Christian Lauber, Jose Carlos Clemente, Dan Knights, Rob Knight and Jeffrey I. Gordon, "Human gut microbiome viewed across age and geography", *Nature*, 2012, vol. 486, pp. 222—227.

24 Ilana L Brito, Thomas Gurry, Zhao Shijie, Katherine Huang, Sarah K Young, Terrence P Shea, Waisea Naisilisili, Aaron P Jenkins, Stacy D Jupiter, Dirk Gevers, Eric J Alm, "Transmission of human-associated microbiota along family and social networks", *Nat Microbiol*, 2019, vol. 4, pp. 964—971.

25 B. Brett Finlay, Katherine R. Amato, Meghan Azad et al., "The hygiene hypothesis, the COVID pandemic, and consequences for the human microbiome", *Proc Natl Acad Sci USA*, 2021, vol. 118.

26 Ibid.

27 J. Lederberg, "Infectious history", *Science*, vol. 288, pp. 287—293.

UNDERSTANDING "SYMBIOSIS"
CONFLICT AND CONVERGENCE OF TWO HYPOTHESES ON EVOLUTION OF LIFE

如何理解共生
两种生命图景的冲突与融合

杨仕健——文

牛依靠瘤胃中的厌氧菌消化纤维素，白蚁依靠后肠中的细菌和原生动物消化木质素。据估计，人体内的共生微生物细胞数量是人体细胞的 10 倍。[1] 而生活在人体胃肠消化道内，协助消化的共生细菌群落，其新陈代谢能力总和媲美于人的肝脏。[2]

生物共生（biological symbiosis）是生命世界中非常普遍的现象，不同动植物之间经常存在互助与合作；同时，很多动植物的生存也密切依赖于共生微生物。而有关"生物共生"的研究，几乎与达尔文的自然选择理论产生和发展的历史一样悠久。

根据科学史家萨普（Jan Sapp）记载，"共生"在现代生物学中的定义最早由德国植物学家巴里在 1878 年给出。他在研究地衣时首次使用"symbiosis"，来表示"不同种类的生物共同生活在一起"的现象。[3] 又据马古利斯这位美国生物学家的记载，20 世纪早期一个俄国生物学派强调了共生在进化中的作用：法明岑（Andrei Sergeivich Famintsyn）尝试从植物中分离叶绿体并使其生长；梅列日科夫斯基（Konstantin Sergeivich Merezhkovsky）发展了"双原生质"（two-plasm）理论，即"细胞内的细胞"，宣称叶绿体源于蓝绿藻。他还发明了"共生起源"（symbiogenesis）一词，认为"进化的新颖性起源于共生"；科佐 - 波利扬斯基（Boris Michailovich Kozo-Polyansky）则认为细胞的游动性源于共生。

然而，这些研究对英语世界的早期科学家来说几乎是"完全未知的"。时至今日，在主流生物学界，特别是英美进化生物学界内部，关于"微生物与生物共生"的相关研究长期不受重视，"共生和进化的关系"依然未被仔细考虑。美国解剖学家沃林强调了专性微生物共生在物种起源上的作用，但其见解受到排斥，甚至遭到嘲笑；与沃林同时代的法国人波尔捷（Paul Portier）也提出了

"德国植物学家巴里在研究地衣时首次使用'symbiosis'，来表示'不同种类的生物共同生活在一起'的现象。"

共生在进化中的重要性,同样受到了恶意的攻击。[4] 那么,是什么因素导致"生物共生"成为历史上被欧美主流进化生物学界回避的问题?其中是否包含着文化环境、社会形态、当地价值观念等不同生成背景所带来的深层次影响呢?

两种生命图景

其实,在很长一段时间里,经典自然选择范式背后的竞争图景和生物共生范式展现的合作图景就不断发生冲突。前者因为达尔文和进化论的传播而为人们所知,在此不再赘述。后者中的"生物共生",则可分为三类现象:第一类是微生物(包括原核生物和低等真核生物)之间的共生;第二类是多细胞动植物和微生物之间的共生;第三类是多细胞动植物之间的共生。前两类现象在一些支持共生进化思想的科学家眼中,乃是进化新颖性的主要源泉,并构筑了地球生命的起源和进化的基础。

不同的自然观和科学传统之间势必产生交流上的障碍与隔阂,原因可以归结为两个方面:一方面,人们观察到的生物共生多发生在细菌与多细胞动植物

行星思维与共生哲学

如何理解共生

> "除了生物学界,'共生'概念还大量'外溢'到了历史、经济、教育、艺术等诸多不同领域,这在一定程度上导致'共生'概念没有一致的一般性定义,长期处在含糊不清的状况。"

之间,而这些微生物一度在社会大众乃至科学家眼中被视作动植物的敌人,与共生概念相矛盾;另一方面,达尔文的"适者生存"竞争模式和共生的合作图景存在冲突。这些原因导致历史上欧美主流进化生物学界没有仔细考虑过共生与进化二者间的关系,也造成共生的研究者们长期被进化生物学共同体排斥。

另外,除了生物学界,"共生"概念还大量"外溢"到了历史、经济、教育、艺术等诸多不同领域,这在一定程度上导致"共生"概念没有一致的一般性定义,长期处在含糊不清的状况。马古利斯明确指出,造成这种状况的一个直接原因还与克鲁泡特金(Petr Alekseevič Kropotkin)有关。这位俄国著名理论家从1890年开始在《19世纪》(*The Nineteenth Century*)杂志上发表一系列文章,

集结成著名的《互助论》(*Mutual Aid*)一书。该书描述达尔文主义的"生存斗争"图景,特别是针对赫胥黎(Thomas Huxley)将生存斗争的范式从自然界扩展到人类社会的观点。尽管克鲁泡特金在《互助论》中并未提及"共生"一词,但是这幅渗透了强烈道德意味的互助图景给后世的学者带来了深刻的影响——以至于在许多学者以及大众的眼中,共生关系就是互利关系(mutualism),与生存竞争、适者生存的观点相抵触。

正如马古利斯所说,克鲁泡特金等人的工作一方面"加深了共生和互助现象的混淆",另一方面"强化了用分析人类社会的概念来描述有机体相互作用的做法"。在她看来,"在关于共生参与者的讨论中深深地渗透了人类的社会关注,这些关注导致了对这一词的曲解"。因为大多数分子、细胞和进化生物学家将共生和互利现象视为一种政治口号,导致他们在科学实验中选择避开和共生相关的研究。这种研究领域的隔阂状况,进一步阻碍了生物学界对共生概念达成共识。[5] 马古利斯还进一步指出:"对于共生和进化的关系缺乏共识,导致了在进化生物学的教学和研究中的严重不良后果。"[6]

挑战经典自然选择范式

从 19 世纪 60 年代开始，随着真核细胞共生起源说的提出并被证实，人们对于微生物及生物共生的认识越来越多，也越来越重视，在生物学界悄悄掀起另一场长期不为人注意的革命，萨普将其称为"安静的革命"[7]。1967 年，马古利斯首次提出了连续内共生理论（Serial Endosymbiosis Theory, SET），指出真核细胞是由若干种原始原核细胞通过共生进化而来。[8]

她在 1970 年出版的《真核细胞的起源》（*The Origin of Eukaryotic Cells*）一书中正式提出这样的观点：好气细菌被变形虫状的原核生物吞噬后，经过长期共生进化为线粒体，蓝藻被吞噬后经过共生进化为叶绿体，螺旋体被吞噬后经过共生进化为原始鞭毛。[9]该理论提出伊始，遭到了激烈的反对。随着分子生物学和微生物遗传学的发展，情况有所好转。20 世纪 80 年代线粒体和叶绿体 DNA 被成功提取出来后，人们发现线粒体和叶绿体的 DNA 同细胞核的 DNA 差别很大，但同细菌和蓝藻的 DNA 却很相似。蓝藻的核糖体 RNA（rRNA）不仅可以和蓝藻本身的 DNA 杂交，还可以和眼虫叶绿体的 DNA 杂交，这些都说明它们之间的同源性，从而证实了马古利斯的理论。

这样，随着生物共生在进化史上的重要性逐步被证实，生物学家们面临一种艰难的抉择：经典自然选择范式背后的竞争图景和生物共生展现的合作图景不可避免地存在冲突，摆在眼前的可能进路似乎只有两条，一条是如同许多进化生物学家那样，在实际工作中仍选择回避生物共生问题，另一条进路则是用共生概念挑战正统的达尔文自然选择范式。

马古利斯选择了后一条道路。她从微生物与共生领域的丰富研究成果出发，建立了一套理论框架，试图变革经典的自然选择理论范式。她认为进化新颖性的主要源泉不是随机突变与自然选择，而是共生，即"不同种类的有机体结合并融合从而形成第三种有机体"。这样一层层结合，不断产生出新的生物学对象，最后即形成了"盖娅"——一个最高层次上的有机体。而自然选择的作用，只是对已有的物种进行淘汰、筛选。[10]

她这样描述进化历程："种系发生树通常从地面往上生长：从一个主干上分支出许多不同的世系，每一世系都源自共同的祖先。但是共生学说指出，这

> "马古利斯试图变革经典的自然选择理论范式。她认为进化新颖性的主要源泉不是随机突变与自然选择，而是共生，即'不同种类的有机体结合并融合从而形成第三种有机体'。"

样的生命之树是对历史的一种理想化描述……地下的根连着空中的枝，结出奇特的新果实和杂交品种。"[11] 马古利斯将共生视为"进化新颖性的主要源泉"的思想，源自沃林。早在 1927 年，沃林在《共生学与物种起源》(*Symbioticism and the Origin of Species*) 一书中就指出，自然选择没有创造性的力量，只能作用于已经形成的物种。在进化过程中，存在三种作用因素：共生控制物种的形成；自然选择决定已经形成的物种是存留还是被淘汰；另外第三种未知的因素决定着渐进的进化模式。[12]

索内亚（Sorin Sonea）等人在《新细菌学》(*New Bacteriology*) 中也表达了相似的观点。他们认为，所有的细菌组成了一个全球范围内的"超级有机体"（superorganism），不同的细菌菌株就如同这个超级有机体内分化的细胞，它们通过横向基因传递分享同一个基因库，同时又具有新陈代谢的多样性。该研究团队还做了一个类比：服务于生态圈的"细菌超级有机体"的复杂功能就如同一个超级计算机，具有巨大的数据存储能力和发达的内部通信网络。[13] 比较马古利斯的"盖娅"，索内亚等人的"细菌超级有机体"的不同之处在于，后者只着眼于细菌，而前者把所有的生命都囊括进去。但是，两者体现的整体论模式则是一致的。在马古利斯看来，多细胞动植物是原核生物共生进化的产物，本质上仍可看作一群单细胞生物的共生群落。这样，动植物体内细胞之间的关系、动植物与其共生菌群的关系、不同的原核生物之间的关系，都可被归结为共生关系，于是不同生物学个体之间的界限被模糊化了。

盖娅之争：道金斯 vs. 马古利斯

对于坚持经典自然选择模式的人来说，马古利斯等人的看法显然是无法让人接受的。道金斯（Richard Dawkins）是盖娅假说的坚定反对者。

如何理解共生

> "道金斯在《自私的基因》(*The Selfish Gene*)中指出，生物共生总是互利行为，并且总是可以解释为'自私基因'的策略。"

　　道金斯等人反对的主要理由是：盖娅只有一个，不能繁殖成一个群体，因此不符合生命的判断标准——繁殖能力。[14] 在他们看来，繁殖和自然选择是生命最重要的特征。新达尔文主义者梅纳德·史密斯（John Maynard Smith）也认为，从盖娅假说发端的所有生物进化的整体论模型，都丢失了对自然选择单位的把握，从而无法得到关于进化变化过程的动力学模型。[15] 这种批评有其合理之处，因为马古利斯一直强调不同类生物的共生，却忽视了同一种群生物内部的繁殖现象，也就忽视了繁殖和变异所引起的自然选择过程。道金斯在《自私的基因》(*The Selfish Gene*)中指出，生物共生总是互利行为，并且总是可以解释为"自私基因"的策略：承载不同基因的不同物种个体通过共生行为进行合作，从而使整个系统的适应度得到提高，于是进行利他行为的个体会反过来获得补偿——其承载的基因得到保存。[16]

　　马古利斯在论著中对以道金斯为代表的新达尔文主义者进行了多次的严厉批判。马古利斯和道金斯站在当代生物学思想的"对立两端"，在生物学对象、生命单元、生命本质、生命起源，以及生命科学研究手段等方面都有大相迥异的看法，具体如表1所示。

　　他们的思想差异可以归结到对生物学个体性的不同理解：马古利斯眼中的生物学个体的基本性质是新陈代谢关联和合作，细胞是最基本的生命单元，从细胞到有机体，到生态系统，乃至整个盖娅，都是不同层次上的生物学个体，都具有自主性和主体性；道金斯眼中的生物学个体的基本性质是自我复制（replication）和自然选择，基因是最基本的生命单元，而动植物有机体只是基因的生存机器，并没有自主性和主体性。马古利斯和道金斯所代表的两种图景，包含了当代生物学思想中对生命的本质以及对生物学个体概念的两类不同理解。

　　从更大的背景观察，这两种图景的对立体现出了两种科学传统（数理科学

	马古利斯的看法	道金斯的看法
"自我"的概念	不同层次的自创生体都可以成为"自我","自我"的界限是可变的	只有自私的基因才具有"自我","自我"的界限是僵硬的
细胞和有机体的角色	细胞是最基本的生命单元；不同层次的自创生体，从细菌到动植物，到盖娅，都具有自主性，具有主体性	是基因的生存机器，是从基因衍生出来，为基因服务，无自主性，无主体性
对生命本质的看法	新陈代谢	繁殖和自然选择
对生命起源的看法	开始于类似细胞的膜结构	开始于自我复制的大分子
对科学研究方法的看法	注重实验观察	注重数学和计算机建模
对共生与自然选择的关系的看法	共生造就了进化中的新颖性，自然选择并不产生新颖性，而只是对已被造就的物种进行优胜劣汰	进化是自私基因为了达到拷贝最大化和自我延续的目的，按照自然选择法则所推动的，共生只是在表型层次上的策略

表1　马古利斯和道金斯的生物学思想比较

"群体繁殖模型和自然选择的动力学，正是新达尔文主义者进行数学、计算机建模的理论基础，或许这正是他们坚持将繁殖和自然选择作为生命的最重要判断标准的原因。"

传统和博物学传统）和两种自然观（机械论自然观和有机论自然观）在当代生命科学中的矛盾。马古利斯指出，新达尔文主义者的观念体现了当前生物学中流行的机械论观点：他们都极度羡慕数学物理方法。物理学家、数学家、电气工程师等计算机使用者，缺乏野外生物学研究经验，却对"进化生物学"的研究训练经费分配有巨大的影响。[17]

在笔者看来，群体繁殖模型和自然选择的动力学，正是新达尔文主义者进行数学、计算机建模的理论基础，或许这正是他们坚持将繁殖和自然选择作为生命的最重要判断标准的原因。而马古利斯则大力提倡以马图拉纳（Humberto Maturana）等人提出的"自创生论"（Autopoiesis）为基础的生命观。[18] 自创生实体的性质是生理学性质、新陈代谢和多样性，对其研究有赖于实际观察，而不是数学和计算机建模。这可以看成一种现代版本的有机论自然观。

"协作"的框架：新生命图景

近年来，杜普雷等人提出用协作（collaboration）的概念来整合对于生命的不同理解——合作（cooperation）图景和竞争（competition）图景。[19]

在道金斯等人的竞争图景中，基因是最基本的自私个体，彼此相互竞争。"自私的基因"成为最基本的解释模式，甚至连生物共生这种表面看是合作互助的行为，也被解释为是服务于"自私的基因"各自利益的行为。杜普雷等人则采用折中路径，反对把合作行为还原为更深层次的自私行为，而认为要把"自私"和"合作"放在一个统一的框架中去理解，即"协作"的框架。他们提出的"协作"概念是指"一个系统中的组件相互作用，产生不同程度的稳定性，或者维持、转化那个系统"，在这个相互作用中，可能有一些强烈的自私性，但是这些自私的行为都是在协作的框架下实现的。协作包括一系列的相互作用过程，既包括合作行为，也包括竞争行为。他们还区分出一个连续统，在其一端，协作的参与者是利益目标一致的，而在另一端，协作的参与者可能是在很大程度上相互为敌的。[20]

最简单的协作现象是通过物理、化学的相互作用而结合，比如化学过程中原子结合产生分子，分子具有原子所不具有的性质。但单单是分子和原子的结合还不足以产生生命,还需要繁殖与新陈代谢。繁殖在竞争的生命图景中被强调;新陈代谢在合作的生命图景中被强调,在杜普雷等人那里,生命被视为一个协作的过程(a collaborative enterprise),繁殖和新陈代谢都应被视为生命的基本属性。他们还举出了两类特殊的共生现象作为协作的例子:一类是胞内共生,如蚜虫及其胞内共生菌 Buchnera 的共生;一类是胞外共生,比如共生细菌的基因组在进化中大量缩减。显然,这两类共生远不足以囊括所有的共生关系,但是给了我们一个提示——协作的框架与共生概念存在着紧密的关联。

"协作"的单元:共生功能体

综上可以发现,实际上不存在一种单一内涵的"生物共生"。因此,笔者将试图在"协作"框架中对生物共生概念进行进一步澄清,其中一个核心工作是对共生功能体(holobiont)的概念进行重新界定,并证明共生功能体就是一个协作单元。

什么是共生功能体?在很长一段时间里,该词一直是珊瑚礁生物学的一个术语。根据美国国家海洋和大气管理局(National Oceanic and Atmospheric Administration,NOAA)的定义,共生功能体是一个集合概念,指珊瑚虫及其内生虫黄藻(zooxanthellae)和其他共生微生物群落构成的集合。后来,该词的含义被进一步拓展。齐尔伯-罗森堡(Ilana Zilber-Rosenberg)等人在提出"共生基因组理论"(hologenome theory)时,对共生功能体概念进行了扩展,将其定义为"寄主有机体及所有与之结合的微生物"。[21] 笔者认为该定义仍然有含糊之处。"与之结合的微生物"可以指代范围很广的一系列对象,从紧密结合的内共生体(endosymbiont),如蚜虫的胞内共生细菌,一直到与寄主松散结合的微生物,如生活在动物体表的微生物,乃至在周边环境中紧挨着我们的微生物。后者到底能不能被视为"共生功能体"的一部分呢?为了进一步清楚界定,还需要一个更清晰的空间－时间边界。作为寄主的多细胞动植物有机体一般都具有清晰的空间－时间边界,借用这个已有的边界,可以给出一个更明确的定义。下面是笔者在"国际生物学的历史、哲学和社会学研究协会"(ISHPSSB)2011年大会报告中提出的定义:

> "作为寄主的多细胞动植物有机体一般都具有清晰的空间－时间边界，借用这个已有的边界，可以给出一个更明确的定义。"

共生功能体是由多细胞动植物有机体和生活在其体内的微生物群落组成的一个共生复合体。

此外，根据普拉蒂乌（Tomas Pradeu）提出的判断有机体的新标准——免疫学连续性（immunological continuity），"一个有机体是一个功能上整合的整体，由异质的组分所组成，组分在局部范围内受强有力的生物化学相互作用而联结在一起，并受系统全局范围的免疫作用所控制，这种免疫作用持续重复着并维持一个恒定的适中强度"。他将这个判断标准用于哺乳动物及其体内共生细菌组成的复合体，认为其可被视为一个异质组分构成的有机体，"这些细菌和寄主的其他部分具有持久的、基本的相互作用，这种相互作用与寄主的免疫受体及其内源组分之间的相互作用并没有根本区别"，接下来，他又将此结论扩展到其他动植物与其内共生微生物构成的复合体。[22]

运用"共生功能体"概念，笔者将前述普拉蒂乌的表述简明扼要地改写如下：

一个共生功能体组分之间符合免疫学连续性标准，从而满足有机体的判断标准。

在共生功能体中，既然共生双方在大部分的生命周期中紧密关联在一起，形成一个整合的有机体个体，那么也不难看出，这个单元可被视为自然选择的单位，即一个"协作"的单元。由此可见，"合作"与"竞争"两种图景实际上构成了人们审视和分析生命世界的不同视角，两者是相辅相成、相互补充的。

杨仕健　厦门大学人文学院哲学系副教授，主要研究方向为生命科学的哲学与历史研究，著有《何为生命之单元？——现代生物学思想中的个体性概念研究》（厦门大学出版社，2018 年）等。

1. D. C. Savage, "Microbial Ecology of the Gastrointestinal Tract", *Annual Review of Microbiology*, 1977, vol. 31, pp. 107—133.
2. R. D. Berg, "The Indigenous Gastrointestinal Microflora", *Trends in Microbiology*, 1996, vol. 4, no. 11, pp. 430—435.
3. J. Sapp, *Evolution by Association: A History of Symbiosis*. New York: Oxford University Press, 1994, p. 7.
4. L. Margulis, D. Sagan. *Slanted Truths: Essays on Gaia, Symbiosis, and Evolution*. Göttingen: Copernicus, 1997, p. 298.
5. L. Margulis, D. Sagan. *Slanted Truths: Essays on Gaia, Symbiosis, and Evolution*. Göttingen: Copernicus, 1997, p. 300.
6. L. Margulis, "Symbiogenesis and Symbioticism", in L. Margulis, R. Fester (eds.), *Symbiosis as a Source of Evolutionary Innovation: Speciation and Morphogenesis*, Cambridge: The MIT Press, 1991, p. 3.
7. J. Sapp, *Evolution by Association: A History of Symbiosis*. New York: Oxford University Press, 1994, xiii.
8. L. Sagan, "On the Origin of Mitosing Cells", *Journal of Theoretical Biology*, Volume 14, Issue 3, March 1967, pp. 255—274.
9. L. Margulis, *The Origin of Eukaryotic Cells*. New Haven and London: Yale University Press, 1970.
10. L. Margulis, D. Sagan, *Acquiring Genomes: A Theory of the Origins of Species*. New York: Basic Books, 2003, p. 72.
11. L. Margulis, *Symbiotic Planet: A New Look at Evolution*. New York: Basic Books, 1999, p. 52.
12. I. Wallin, *Symbioticism and The Origin of Species*. Baltimore: Waverly Press, The Williams and Wilkins Company, 1927, p. 3.
13. S. Sonea, M. Panisset, *A New Bacteriology*. Boston: Jones & Bartlett, 1983, p. 85, pp. 112—123.
14. L. E. Joseph, *Gaia: The Growth of an Idea*, New York: St. Martin's Press, 1990, p. 56.
15. J. Maynard Smith, E. Szathmany, *The Major Transitions in Evolution*. New York: Oxford University Press, 1995, p. 189.
16. R. Dawkins, *The Selfish Gene*, Oxford: Oxford University Press, 2006, pp. 181—186.
17. L. Margulis, D. Sagan. *Slanted Truths: Essays on Gaia, Symbiosis, and Evolution*. Göttingen: Copernicus, 1997, p. 266.
18. L. Margulis, D. Sagan. *Slanted Truths: Essays on Gaia, Symbiosis, and Evolution*. Göttingen: Copernicus, 1997, p. 267.
19. J. Dupré, M. A. O'Malley, "Varieties of Living Things: Life at the Intersection of Lineage and Metabolism," in J. Dupré (ed.), *Processes of Life: Essays in the Philosophy of Biology*, New York: Oxford University Press, 2012, pp. 206—209.
20. J. Dupré, M. A. O'Malley, "Varieties of Living Things: Life at the Intersection of Lineage and Metabolism," in J. Dupré (ed.), *Processes of Life: Essays in the Philosophy of Biology*, New York: Oxford University Press, 2012, pp. 207—208.
21. I. Zilber-Rosenberg, E. Rosenberg, "Role of Microorganisms in the Evolution of Animals and Plants: The Hologenome Theory of Evolution", *FEMS Microbiology Reviews*, 2008, vol. 32, no. 5, pp. 723—735.
22. T. Pradeu, "What is an Organism? An Immunological Answer", *History and Philosophy of the Life Sciences*, 2010, vol. 32, no. 2/3, pp. 247—268.

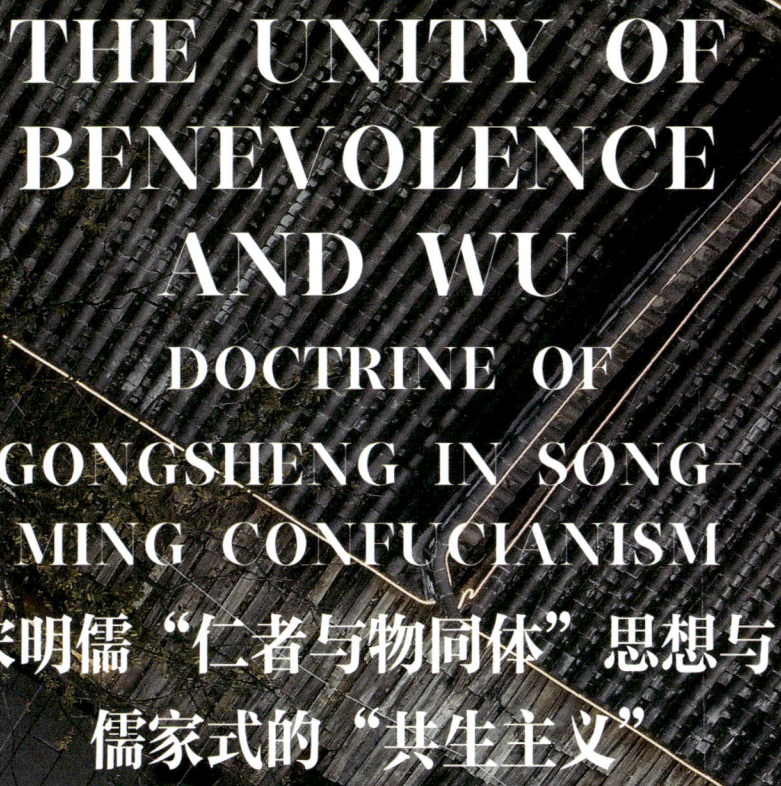

THE UNITY OF BENEVOLENCE AND WU
DOCTRINE OF GONGSHENG IN SONG-MING CONFUCIANISM

宋明儒"仁者与物同体"思想与儒家式的"共生主义"

吴根友——文

> **"在生态环境的问题上,个人自由和权利的要求应该降为第二序的价值,人类如何'共生'应该成为当前整个人类价值观念和生存法则的第一序,即首要价值。"**

"共生主义"有古典的和现代的两种形态。关于现代的共生主义,欧美学术界有多种理论形式和理论形态。迦耶在《共生主义宣言》中全面地思考了共生主义方方面面的问题,中国领导人提出的"人类命运共同体"理念也包含着一种共生主义思想的内核,所以谈论"共生"话题具有其现代意义。当代社会强调"共生"有着观念上的变化,近现代以来更加强调个人自由、权利等价值,但在生态环境的问题上,个人自由和权利的要求应该降为第二序的价值,人类如何"共生"应该成为当前整个人类价值观念和生存法则的第一序,即首要价值。没有适合于人类生存的地球"生态之皮",人类的"文明之毛"也将无可生存。在这个意义上观照"共生主义"思想,就要适当地调整近现代以来,以欧美资本主义意识形态为主流的工业化生存方式,以适应人类的"共生要求"。

中华文明有着悠久的"共生"思想文化传统,尤其是宋明儒学的"一体之仁"所体现的共生主义,有助于多视角、多层面理解"共生"的价值。宋明儒家在吸收了道家、墨家、佛教哲学的基础上,创立了"仁者与物同体"的新学说,把儒家基于血缘亲情的"仁爱"和"孝道"思想放大到天地万物之间,以此作为处理"亲亲、仁民、爱物"三者关系的宇宙新秩序。从这方面看,它超越了董仲舒粗糙的"天人感应"思想,可以称为"古典儒家式的共生主义"。

张载的"气本论"思想与共生主义

"共生主义"作为一种系统的思想或者一种哲学形态,内涵十分丰富,既

"以气为本的共生世界绝对不是一片和平的景象，
而有其'攻'和'取'，动物之间、人和万物之间有搏斗，
只是'攻取'有其天序，
人类从攻取活动的基础形成所谓的'礼'。"

有伦理学的内容，也有自然科学的内容。有生态主义、经济学、政治学的视角，也有伦理学、哲学的视角。就中国传统思想而言，张载的"气本论"和"民胞物与"思想可以看作一种哲学的和伦理学的"共生主义"。张载把儒家的血缘亲情放大到宇宙的原则："乾称父，坤称母；予兹藐焉，乃混然中处。故天地之塞，吾其体；天地之帅，吾其性。民，吾同胞；物，吾与也。"这表达的就是古典儒家式的"共生主义"理想。

这种共生主义理想是哲学的，而非宗教的，它的哲学的基础是"气论"，是将以气论为基础的天道自然的哲学作为共生主义的基础，所谓"太虚无形，气之本体，其聚其散，变化之客形尔"（《正蒙》）。在张载看来，万物变化都是由"气"构成，"气本之虚则湛本无形，感而生则聚而有象"，以及"有象斯有对，对必反其为；有反斯有仇，仇必和而解"，这种"太和"的理想恰恰是对气世界的描述。但这种以气为本的共生世界绝对不是一片和平的景象，而有其"攻"和"取"，动物之间、人和万物之间有搏斗，只是"攻取"有其天序，人类从攻取活动的基础形成所谓的"礼"。

首先，具有天序的"气化"表现出的是"物无孤立之理"的共生理念。虽然万物有攻取，但没有孤立，《正蒙·动物篇》言"物无孤立之理，非同异、屈伸、终始以发明之，则虽物非物也"。张载把万物之间共生看成万物存在的法则。"物无孤立之理"的理想在生态哲学的层面，实际上表达了大自然生态平衡的思想，这个思想告诉我们"此物少则彼物多"。因此，释放一种新能量必然导致其他能量的挤压，进而产生新的不平衡。

其次，天序的气化事件具有"万物一元"的特点，万物亦有"非我之得而私焉"的共生伦理问题。共生在伦理学上提倡的是"反自私主义"的观点，人类与世界具有一种共生关系，万物不是由我所独占。万物非我所得而私的思想与现代社会强调个人财产所有权的思想相悖或者相反，"共生"伦理与"个人主义"原则、个人权利和个人财产私有原则，有相反的一面。那么，如何运用"共生"的伦理修饰或者调整现代人的生存观念，就十分重要。

最后，张载基于"气本论"而提出的共生伦理问题，始终对人的"物欲"保持着特别的警惕。一方面，口鼻之欲是气之攻取本性的表现，但又要避免这种物欲对于人之德性养成所造成的负面影响。之所以出现环境和生态的问题，

宋明儒"仁者与物同体"思想与儒家式的"共生主义"

> "'万物之生意'是宋儒'生生'思想里非常重要的内容，
> '共生'强调每一个卑微之物都有充沛的生命活力，
> 这是宋儒'共生'思想对生命存在的质量和生机的要求。"

与整个资本主义文化过分追求个人的感性需求密切相关。张载认为，人受"气质之性"的影响容易导致道德的偏颇，故要用"一体之仁"的觉解来主导人的私欲，不能让人的私欲导致人"一体之仁"的道德情感的丧失。张载在自然哲学"气本论"的基础上讲共生伦理，要求克服人的自私性和膨胀物欲，这种思想对于"共生主义"而言，是必须要提倡的一种深层的伦理态度和生存态度。

二程"理本论"思想与共生主义

宋儒二程，尤其是程颢的"理本论"思想，也体现为一种伦理学的共生主

> "宋儒的'共生主义'思想不仅仅是一个理论性的、科学性的描述状态,更多的是基于一种道德情感和道德自觉,要对那些非同类的存在者有道德上的同情认知。"

义。程颢认为,"仁者以天地万物为一体"。所谓"一体之仁",首先是认识问题,在《识仁篇》中,程颢认为:"学者须先识仁。仁者,浑然与物同体。"就是说,若想成为仁者或者达至仁者的境界,就必须具备"仁者浑然与物同体"的认知,认识"此理"之后还须在内心保存之。所以,在程颢的思想中,关于"仁"的认识首先是道德性的,道德性是人与宇宙之间的共通感。

　　北宋儒者之"仁"与先秦儒家"仁者爱人"的思想有一点不同,"浑然与物同体"的新仁学观念是吸收了佛教和道家思想的结果。宋儒如二程、朱子都喜欢易学,"生生之谓易"的易学思想是二程"一体之仁"思想的重要组成部分。从"易学"和"生生"角度出发,程颢"一体之仁"的世界就是一个生生

不息的世界，是充满活力的世界，所谓"生生之谓易，是天之所以为道也，天只是以生为道"。"生生"和"一体之仁"思想在这里体现的不是短暂的即时性、瞬间性，而是"古今未"三个时间连成一体的世界。在这样的"一体之仁"中，周敦颐因其与"自家意思一般"而"不除窗前草"，就是表示"生生"之意——草与人一样也有生命。张载看到行乞的、饿肚子的，自己吃饭就不满腹，是因为他人无食，自己吃饭也不香。所以，"万物之生意"是宋儒"生生"思想里非常重要的内容，"共生"强调每一个卑微之物都有充沛的生命活力，这是宋儒"共生"思想对生命存在的质量和生机的要求。

此外，二程的"一体之仁"具有道德上的感通性，强调道德感情，这种思想与近现代西方以来，特别是康德理性主义的伦理学非常不同。从儒家的角度来说，康德的伦理学把"同情"排除在道德之外的思想很奇怪，因为"一体之仁"恰恰是人类有道德的根本性标志。在二程的思想中，道德的一体性、感通性构成了人所特有的状态。从中医的角度讲，人如果手脚麻痹，得偏瘫则为不通，不通即手足不仁，所以把"不仁"与身体上的偏瘫结合起来，就是气不贯通。用人身体之偏瘫来形象地提倡"万物一体"，以及人在感通之间产生的道德上的同情感，是二程论述"一体之仁"时颇具意味的阐述。因此，宋儒的"共生主义"思想不仅仅是一个理论性的、科学性的描述状态，更多的是基于一种道德情感和道德自觉，要对那些非同类的存在者有道德上的同情认知。如果没有这种道德的同情知觉或道德感觉，"共生主义"就仅仅是存在于理性的层面，在二程看来，这不是理想的状态。

二程思想的特别之处还在于区分了"从人观万物"和"从万物观人"的两种看世界的方法。二程在"一体之仁"的思想中阐述的天地无外、人在天地中、人不高于万物的思想，就表现了"万物一体"的思想不仅仅局限于人类的视野，而是要超越人类的视野。从"以物观人"的角度说，《定性书》言："夫天地之常，以其心普万物而无心；圣人之常，以其情顺万物而无情。故君子之学，莫若廓然而大公，物来而顺应。"圣人的精神境界是和宇宙一样广大，圣人对于万物没有因其善恶而有特殊的区别对待。老子亦言："道者万物之奥，善人之宝，不善人之所保。"所以，从这个角度来看，人与万物之间的一体，要有超越性的圣人眼光和老子所讲的"道"的眼光。从天的角度来看人，人在天地之间与万物同源、同流，"天眼"中的人类没有特别之处，所谓"天地无内外，人不异于物"。

同时，二程又倡导"人为天地之心"，人对天地万物要负有责任，"万物无一物失所，便是天理时中"。这与陈霞教授在报告[*]中提到的《太平经》中强调无物有所伤害才是太平的观念，颇为一致。在这个意义上，二程思想与道家、道教的思想有内在的联系，也说明新儒家"仁者以天地万物为一体"的思想兼具佛教和道家、道教的思想内容。

就此而言，张载和二程虽有哲学理论上"理本论"和"气本论"的差异，但就其论述万物的共生、一体的思想而言，则又有一致之处。只是在共生主义

---

[*] 作者指2021年8月19—20日，由北京大学博古睿研究中心举办的"'共生'：生命科学与哲学视角"工作坊（在线）上的发言。——编者

"'万物一体'这个层面的'共生'思想,提醒基于生态技术的现代共生主义思想,不要让人退回到原始的开端,保持原始自然的一体之生机,而是要通过人类文明的照亮使之具有人类文明的特质,具有道德主体知觉和自觉的天人万物和谐共处的共生状态。"

的思想中，二程也有"天之理至矣，独阴不生，独阳不生，偏则为禽兽，为夷狄，中则为人"的思想，这其实有民族沙文主义的倾向。因此，古典儒家共生主义理想在一些具体的问题上面，也有其值得警惕和反思的地方。

王阳明的"一体之仁"与万物共生思想

王阳明的"一体之仁"说，是明儒"共生主义"的典型形态。大体上可以从三个层面来阐发"一体之仁"。首先，从微生物学、生态学的角度看，人与天地万物本来就是一体关系。其次，宋明儒所共享的伦理形态的"天下一家"的关系，即天下之人都应当有一体相关的道德感通情怀，尤其是作为人类中的优秀士人更应该具备道德同情心和博爱情怀。最后，作为道德个体具有主体知觉和自觉状态。正因为主体是具备了良知的道德个体，有一种知觉和自觉，所以"万物一体"才具有文明灿烂之意味，而那种缺乏人类道德意识照亮的、本然的一体化状态，处在微生物状态或处在生态状态的共生，只能是一种暗淡而无文明光辉的共生，在阳明学的共生思想里面是没有意义的。这个层面的"共生"思想，提醒基于生态技术的现代共生主义思想，不要让人退回到原始的开端，保持原始自然的一体之生机，而是要通过人类文明的照亮使之具有人类文明的特质，具有道德主体知觉和自觉的天人万物和谐共处的共生状态。从马克思主义哲学的角度讲，就是"自然的人化"和"人化的自然"，将这两个方面做到内在的统一。因此，阳明学基于良知的"一体之仁"及其所体现的共生主义，对于现代人而言仍然有其启迪意义。

就上述第三个方面内容更深入的分析来看，首先，就人与万物在"气"的层面看，人与天地本然地贯通。"天地既开，庶物露生，人亦耳目有所睹闻，众窍俱辟，此即良知妙用发生时。可见人心与天地一体，故上下与天地同流。"天地与上下同流主要体现在"气"的沟通上，阳明把"良知"泛化，认为万物皆有良知，人与万物之间之所以有共通感，就在于同具一气之灵。其次，就伦理性的"一体"而言，"生民之困苦荼毒，孰非疾痛之发于吾身者乎？不知吾身之疾痛，无是非之心者也"。王阳明与张载和二程所讲的"一体之仁"，在伦理层面、道德情感上的共生是一致的。最后，王阳明与二程和张载论述"共生"

> **"'阳明学'在伦理意义上的'共生',有着二程和张载所没有的,但恰恰是'共生主义'要加以保留并提倡的现代性内容。"**

的不同在于,他强调作为个体或主体的"我的灵明",即对于天地万物本然一体状态的道德知觉,通过这种道德知觉,使天地鬼神的灵妙之处得以展现出来,所谓"人是天地之心",即天地之心就是人的灵明。万物没有灵明就是一片黯然的状态,一气流通过程中没有了人的"灵明"照亮,就没有意义。

王阳明认为,人与天地万物一体,一气流通而无因果关系,但需要人的灵明来照亮共生的状态。如果没有了人的道德文明光耀的照亮,一体共生的状态就是黯淡无光的、无意义的。在《传习录》中,王阳明谈论"心外无物"问题时,有一段非常精妙的思辨性论述:"汝未看此花时,此花与汝同归于寂;汝来看此花时,则此花颜色一时明白起来,便知此花不在汝心外。"此处所讲人与花的关系,不能从近代西方哲学笛卡儿的"存在与思维"的关系来理解,"花与心"的关系从共生主义的角度来讲,更多体现出人类文明对自然的一种"照亮",强调人作为道德主体的知觉和自觉。用人的文明来照亮人类的共生状态,使得共生的"万物一体"状态具有了文明的意味和意义。因此,"共生主义"并不是简单地回归到纯自然中。在这个意义上,"阳明学"在伦理意义上的"共生",有着二程和张载所没有的,但恰恰是"共生主义"要加以保留并提倡的现代性内容。

综上而言,"共生主义"是当前人类步入全球化新阶段所需要的一种人类相处之道。中国哲学家赵汀阳提出的"新天下主义",也是通过激活中国古老的政治哲学观念,对全球化新阶段人类如何共处的问题,给出一种政治学和社会学的回答。中国领导人提出的"人类命运共同体"理念,其实也代表当代中国政治家们提出的共生理想。如何共生?这既是一个国际社会的政治问题,也是全人类所必须严肃认真对待的生态问题。这样一个生态问题既关涉政治,又超越政治,因而关乎每个地球人。如果把顾炎武所说的"天下兴亡,匹夫有责"

的思想与共生主义联系在一起,我们似乎可以这样说:虽然每个人的权利、能力都十分有限,但是世界、社会的好坏与人类的每个个体休戚相关。因此,人类需要发挥每个人的道德能力而促进万物一体的共生状态,并使之具有人类"灵明"的光辉。**B**

吴根友 武汉大学哲学学院教授,武汉大学文明对话高等研究院院长,出版学术专著十余部,发表学术论文 200 余篇。主编《比较哲学与比较文化论丛》(目前已出版 17 辑)、《文明对话论丛》(目前已出版《我们的文明观》《我们的文明与世界的文明》)。个人专业兴趣领域有明清哲学、比较哲学、政治哲学、先秦道家与诸子学等。

BODY, SOCIETY, AND NATURE
UNDERSTANDING THE GONGSHENG THINKING IN TAOISM

身体·社会·自然
从身体观看道教"共生"思想

陈霞——文

道教认为，个人、社会与自然三者在身体上存在着同构的共生关系，三者之间存在着一致的哲学基础与修炼原则。从个人的身体，再延伸到他人的社会身体，最后扩展到自然宇宙身体。对个人而言，身体是生命的原点和终点；在社会领域，道教追求身国同构；在自然领域，道教提倡天地大人身，人身小天地。道教以身体为中心，引申出了独特的"共生"思想。

贵以身为天下，若可寄天下——爱人贵身

道家对身体的重视，是始终一贯的。在先秦道家的开创者老子那里，身体就具有优先性。老子在比较名声、财货与身体时把身体放在第一位，提出了："名与身孰亲？身与货孰多？"（《老子》第 44 章）强调身体比之于"名"和"货"的在先性。他讲："修之于身，其德乃真。"（《老子》第 54 章）"贵以身为天下，若可寄天下；爱以身为天下，若可托天下。"（《老子》第 13 章）在老子眼里，从身体出发的一切最为真实可贵。除此之外，老子还提出了"深根固柢，长生久视之道"（《老子》第 59 章），以及"载营魄抱一，能无离乎？专气致柔，能

身体・社会・自然

"人是大自然'宇宙生命'的赋有意识的形态，
通过人的生命活动能够使自然的生态秩序从自发逐渐提高到自觉，
从自在到自为，从生存存在到生命存在，
最终实现生命的最高价值，那就是自由和创造。"

如婴儿乎？"(《老子》第 10 章) 老子的有些观点，后来发展为道教身体修炼的指导原则和目标。庄子同样把生命的价值看成最高价值，尤其是自然、自由、逍遥的生命价值。他很感叹世俗之君子让宝贵的生命被"物"缠绕，认为这简直是用珠射鸟、用牛刀杀鸡，大材小用。他喟然叹道：

> 今世俗之君子，多危身弃生以殉物，岂不悲哉！……今且有人于此，以随侯之珠弹千仞之雀，世必笑之。是何也？则其所用者重而所要者轻也。夫生者，岂特随侯珠之重哉！(《庄子·让王》)

道家、道教重视个体生命，因为生命具有唯一性、神圣性和极高的不可取代的价值。生命的最高价值是自由和创造。从必然中解脱出来而实现绝对的自由，在道家思想中表现得特别突出。庄子所追求的"逍遥游""游无何有之乡""游广莫之野"等，表现出对自由的向往。他向往摆脱了"物"的拘绊的自由自在的遨游，进入"乘物以游心，托不得已以养中"(《庄子·人间世》)的精神境界。在庄子看来，精神的自由甚至比肉体的存在都更重要。人是大自然"宇宙生命"的赋有意识的形态，通过人的生命活动能够使自然的生态秩序从自发逐渐提高到自觉，从自在到自为，从生存存在到生命存在，最终实现生命的最高价值，那就是自由和创造。

一人之身，一国之象也——社会的身体化

道教把整个国家、天下看成一个有机的身体。它不仅重视个体身体的修炼与呵护，也提倡个体必须积极地参与社会，与他人建立起种种联系。道教身体观把身体扩展到了整个世界。它通过虚化自身而获得真我，而虚化的同时也是身体的扩大，把社会和自然都纳入自己的身体范围。它把个人身体修炼的原则应用于社会和自然身体的炼养上，将修身与治国等同起来，将个人与他人有机地联系在一起。由于个人与他人有着不可分割的内在关系，个人的身体和他人的身体构成一种共生关系，关心社会、关心他人成为顺理成章的事情，他人通过扩己而获得了重要的意义。五代道士谭峭讲自我与他人的内在联系,他说:"故

"个人的身体和他人的身体构成一种共生关系，关心社会、关心他人成为顺理成章的事情，他人通过扩己而获得了重要的意义。"

得心相通而后神相通。神相通而后气相通，气相通而后形相通。故我病则众病，我痛则众痛，怨何由起，叛何由始？斯太古之化也。"[1]"我"的身体和他人的身体因神、气的相通而达到形体的相通，从而把他人的身体纳入"我"的关注范围，众生的痛苦即"我"的痛苦，众生生病即"我"生病。在这里，道教对社会也进行了人格化的处理。

关于身国关系，老子曾经说："贵以身为天下，若可寄天下；爱以身为天下，若可托天下。"（《老子》第13章）意思是说，我们要将天下托付给以贵身和爱身的态度去"为天下"的人。在老子这里，"贵身"是"为天下"的条件。《淮南子》也说过："身者，国之本也。"黄老作品《法言·先知》提到："政之本，身也，身立则政立矣。"身是国的根本。庄子认为与治国相比，治身更根本。他说："两臂重于天下也，身亦重于两臂。"（《庄子·让王》）"道之真以治身，其绪余以为国家，其土苴以治天下。由此观之，帝王之功，圣人之余事也，非所以完身养生也。"（《庄子·让王》）"道"的精华应该用于治身，与治国相比，修身显然重要得多。当然，还有杨朱提出的"拔一毛而利天下，不为也"（《孟子·尽心上》），认为身体之一毛比天下更重要。这是对个人权利的明确肯定。

黄老道家则明确把治身与治国紧密关联起来。首先，黄老常常将身体与国家互相比附，形成身国同构论。《鹖冠子》说："天地阴阳，取稽于身。故布五正以司五明。十变九道，稽从身始。五音六律，稽从身出。"（《鹖冠子·度万》）天地阴阳、五音六律、十变九道，都是以身体为参考对象而创设的。《管子》也将国家结构与身体相比附，它说："心之在体，君之位也；九窍之有职，官之分也。心处其道，九窍循理。"（《管子·心术上》）葛洪提到："一人之身，一国之象也。胸腹之位，犹宫室也。四肢之列，犹郊境也。骨节之分，犹百官也。神犹君也，血犹臣也，气犹民也。故知治身，则能治国也。夫爱其民所以安其国，养其气所以全其身。民散则国亡，气竭即身死。"[2]

其次,黄老认为治身与治国的原则是相通的。身体与国家不仅结构相同,而且有机地连成一体。治国与治身是相通的,抓住了治身的根本,就可以身国兼治了。若本末倒置,则身国皆危。《文子·上仁》说:"本在于治身,未尝闻身治而国乱者也,身乱而国治者,未有也。"《吕氏春秋·审分》说"夫治身与治国,一理之术也","先圣王成其身而天下成,治其身而天下治"(《吕氏春秋·先己》),治身直接通治国。《老子河上公章句》在注解《老子》时,常常将治身与治国相提并论,如:"爱民治国,治身者爱气则身全,治国者爱民则国安。"(《老子河上公章句》第10章)"是以圣人之治,说圣人治国与治身也。"(《老子河上公章句》第3章)"治身者神不劳,治国者民不扰,故可长久。"(《老子河上公章句》第44章)《淮南子·原道训》也认为治身能通治国:"天下之要,不在于彼而在于我,不在于人而在于我身,身得则万物备矣。"《淮南子·道应训》还说道:"未尝闻身治而国乱者也,未尝闻身乱而国治者也。故本在于身,不敢对以末。"

治身与治国之所以能够相通,是因为二者都遵循着"道"。"用道治国,则国富民昌,治身则寿命延长,无有既尽之时也。"(《老子河上公章句》第35

> "成全万物、爱护自然，就是爱护我们的身体。这是道家、道教独特的人与万物共生的思想。这不仅提升了个人生活的质量和价值，同时也增强了人对社会的责任感，促进了对大自然的爱护。"

章）"道"最关键的特性是无为，无为的原则对身、国都同样有效。"法道无为，治身则有益于精神，治国则有益于万民不劳烦也。"（《老子河上公章句》第 43 章）用无为治身需宝精爱气、损情去欲、知止知足等，将这些原理推广到治国，则与民休息、轻徭薄赋、治于未乱，最终达到身国兼治。

天地大人身，人身小天地——自然的身体化

道教既将个体的自然生命体作为身体，也把人与人组成的社会和自然当作身体，将个人、社会和自然浓缩在身体之中，让它们形成同构关系，并进一步认为人与自然的关系实际上成为身体与自然的关系，而不是抽象的主体的思想意识和宇宙理性的关系。外宇宙和内宇宙都是身体，人与自然的关系体现为身体与身体的关系，通过某种修炼，这两个身体还会融为一体，实现天人合一。成全万物、爱护自然，就是爱护我们的身体。这是道家、道教独特的人与万物共生的思想。这不仅提升了个人生活的质量和价值，同时也增强了人对社会的责任感，促进了对大自然的爱护。

道教的自然是一个有机活体，充满生机。人体是一个与自然结构相同的内宇宙，身体与自然之间能够互相交流和影响，它们就是同一个生命体。道教提出"天地大吾身，吾身小天地"[3]，表达的正是这个意义。道教通过把身体与自然进行比附，将身体自然化。

道经中这样的比附随处可见，如天台白云《服气精义论·慎忌论第六》说："夫人之为性也，与天地合体，阴阳混气。皮肤骨体，脏腑荣卫，呼吸进退，寒暑变异，莫不均乎二仪，应乎五行也。"（《云笈七签》卷五十七《诸家气法》）"于万物之中，惟人最贵。惟人是万物之首也，头圆足方，上阳下阴，皆同于天地。固天有风雨，人有血气；天有日月，人有眼目；天有万象，人有万神；天有八极，

"自然世界在道家、道教的理论中，
是一个充满生机的活动着的身体，
整个宇宙是一个巨大的有机身体，与人处于共生关系中。"

人有八脉；天有五行，人有五脏；天有四季，人有四肢；地有山岳，人有骨节；地有草木，人有毛发；地有江湖，人有血脉：此者无不应于天地。人为万物之首也，若不禀天接地，负阴抱阳，岂于天地之中，惟人动合天地造化？"[4]"天地运度，以道用言，则人之身得天地正中之炁，头像天，足像地，故曰人身一小天地。"[5] 人的身体与自然界的结构相同，自然界有的，人的身体里也有。江海湖泊、日月山川，在人体里都一一具足。如《钟吕传道集·论水火》说："凡身中以水言者，四海、五湖、九江、三岛、华池、瑶池……"人体就是一个微型宇宙。这些自然景观不仅静态地存在于人体之中，还如其在自然中那样互相牵制、运动变化、周流不息。《老子中经》中的以下引文，可以说明这点。"日月者，天之司徒、司空公也……人亦有之，两肾是也。左肾男，衣皂衣；右肾女，衣白衣。"

身体与自然的一体关系是一种具有终极意义的价值关系，远远超出了仅仅利用自然维持生命和奢侈生活的功利关系。

道家、道教通过把自然身体化和身体自然化也实现了主体即客体、客体即主体的统一性。自然世界在道家、道教的理论中，是一个充满生机的活动着的身体，整个宇宙是一个巨大的有机身体，与人处于共生关系中。道家、道教的身体化宇宙观的人与宇宙共生非常值得我们重视和发挥，在今天尤其显得紧迫。

结语

身体是人与生俱来、自然拥有的、具有神圣性的珍品，所以道教把身体放在突出的位置上。身体既不是单纯的生理性存在，也不是抽象自我或纯粹意识。作为物质存在的躯体和作为精神存在的心灵，密不可分地统一在身体中。这种身体是存在于世界之中与他人及自然发生关系、观察和发现对象意义的主体，是经验着的主体。道家、道教的共生身体观对二元对立、主客对立和灵肉分离的警醒具有合理性，正视和肯定人的自然本性，其意义是积极的。首先，身体是构成人的生命基质的自然方面，只有充分肯定人的自然本性的正当性，才能肯定人的一些基本的、不可让渡、不可剥夺、不可更改的权利，如对生命、自由、

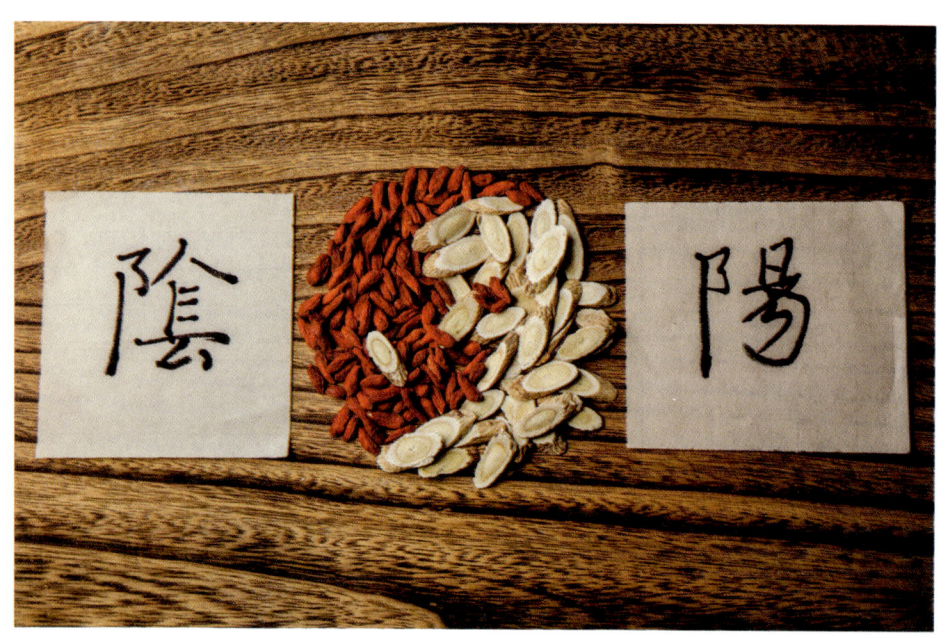

财产的保护,对幸福的追求,提出最低限度的伦理道德。对身体的重视就是对人的自然本性、生命以及对自我的重视,是对保存自我、教养后代、追求真理和幸福等普通生命现象的保护,承认对生命价值的多层面追求。

身体的终极目的是向"道"回归,从而使自然生命富有超自然的意义;道教的身体首先是个人的自然生命体,同时也象征社会和自然,它将人类社会和自然世界浓缩在身体之中,与它们形成同质性关系,这就加深了个人对社会的责任感和对自然的爱护。

总之,道教的身体是一个广义的概念,含有个体、社会、自然三重意义。道教认为,个人、社会与自然三者在身体上存在着同构关系,存在着一致的哲学基础与修炼原则。从个人的身体再延伸到他人的社会身体,最后扩展到自然宇宙身体;对个人而言,身体是生命的原点和终点;在社会领域,道教追求身国同构;在自然领域,道教提倡天地大人身,人身小天地。道教发展出了以身体为中心的"共生"思想,以及提升生命质量的养生实践,提出了"两臂重于天下""天地大人身,人身小天地""天地宇宙,一人之身""身国同构""身国同治"等观点。道教的身体是个体的自然生命体,道教也把人与人组成的社会和自然当作身体。个人、他人、自然处于一种共生关系中，成全万物、爱护自然，就是爱护我们的身体，给人赋予了重大的环境责任。肩负这种责任不仅成全人性、尊重生命，提升了个人生活的质量和价值，同时也增强了人对社会和自然的使命感。这是道教的一个独特的共生观。道教召唤现代人回复真性、重建人与大地的亲密关系，重新思考目前的经济发展模式、消费模式及政治构建模式，营造出人和万物共生的关系。B

陈霞 中国社会科学院哲学研究所研究员，研究领域为道家与道教文化、中国哲学、宗教学。

1 （五代）谭峭：《化书》卷四《仁化·蝼蚁》，载《道藏》，第36册，第306页。
2 王明：《抱朴子内篇校释》，北京：中华书局，1985年，第326页。
3 《道德玄经原旨》，载《道藏》，第12册，第727页。
4 《太上长文大洞灵宝幽玄上品妙经》，载《道藏》，第20册，第1页。
5 《太上洞玄灵宝无量度人上品妙经注》，载《道藏》，第2册，第426页。

BUDDHIST CO-DEPENDENT ORIGINATION AND DOCTRINE OF GONGSHENG
HARMONY AMONG HUMANITY, NATURE, AND CIVILIZATIONS

"缘起"与"共生"
佛教对人与自然、文明间和谐之道的启示

龚隽——文

"'缘起论'是佛教的核心观念之一，
　　所以也可以说'共生'是佛教思想中的基本观念。"

"'共生'在佛教里面只是限于现象世界，
'共生'观念只是佛教宇宙观系统中有关世间法的部分才论及的，
对于超世界的议题，佛陀更倾向于主张用实践内证的方式去默识。"

身体・社会・自然

Moonassi 创作

佛教与"共生"观念相关的最重要概念之一是"缘起"。"缘起"即"共生","缘起"即"互为条件",这意味着每一个存在的东西都不是单一的自为存在,而是有条件的、相互依存之存在。"缘起论"是佛教的核心观念之一,所以也可以说"共生"是佛教思想中的基本观念。

佛教之缘起与共生观念

佛教所讲的缘起不是指"超越"或者"超世界""出世界",而是指我们存在的"现象世界",即佛教是在现象世界里面来谈缘起概念。所以,缘起的原则、法则只限于佛教所讲的现实世界,是我们所能够感知、能够看到的世界。佛教认为,在这个世界上,万事万物的法则就是一个"缘起法",即万物都自然地遵守"共生"的原理。至于超越的世界或者佛教所谓不生不灭的世界,则不属于缘起的范围。因此,"共生"在佛教里面只是限于现象世界,"共生"观念只是佛教宇宙观系统中有关世间法的部分才论及的,对于超世界的议题,佛陀更倾向于主张用实践内证的方式去默识。

在谈论现象世界的时候,原始佛教圣典称现象世界的法为"一切法",这包括"五蕴",即人的色、受、想、行、识;"十二处",包括内六处(眼、耳、鼻、舌、身、意六根)和外六处(色、声、香、味、触、法);"十八界",即十二处加六识等,这些法之间都是相互依存、不断变化的。不同的"法"之间,不同的现象和存在之间都是相互关联、相互依存的,而且每一个存在也是不断变化的,没有一个固定的"法"的存在。在这个意义上,"缘起就是共生",这包含自然界与人类社会活动的所有方面,一切存在的法都是在互为条件的情况下才有可能。在部派佛教阿毗达摩那里,将"世间"(LoKa)分为空间性存在的国土世间("器世间")与以心、情为中心的有情世间(包括动物与人类),佛教认为这些世间的所有存在都是"共生"关系,器世间和有情世间之间的关系也是"共生"的关系。

但是从佛教的观点看,不管哪种世间,现实世界的缘起共生或现象世界的存在物都是与人之意识密切相关联的,即缘起物与意识结构或心意识相关,一切法只有在这样的关系当中才存在,并没有一个独立于我们意识之外存在的自

身体・社会・自然

Moonassi 创作

> **"佛教看起来是在谈论现象世界，万事万物之间都是互相关联、互为条件的存在关系，但实际上这些存在事物归根到底还是跟意识和心性结构密切相关的。这是理解佛教'共生'概念的重要基础。"**

然物。所以，在人与自然的各类共生关系结构中，心和意识是主导性的，这一观念贯穿于大乘、小乘佛教。

大乘佛教的思想一般分成三个传统：中观论、唯识论与佛性论，其中所展开的一些论述，尤其是"一切唯心"和"万法唯识"思想最能体现心和意识的主导性地位。佛教思想中所谓"心"可以理解为中国哲学里的"本性"；"心"在佛教里有时也用"如来藏""佛性"或"真心"等概念来表达。由玄奘大师所传承的"唯识论"传统主张"万法唯识"。在佛教思想中，意识的结构非常复杂。我们现在所分析的思想世界，即思想、理性、语言概念等这些意识在佛教"唯识"里面大都属于第六意识的范畴，而大乘佛教要讨论的"意识"则有更深的意识结构，比如六识之外还存在第七意识"末那识"，但这个还不是根本识，佛教认为我们还有第八意识，即"阿赖耶识"，"万法唯识"的"识"即指"第八识"。万法唯识思想即认为自我意识和身心的产生，甚至现象世界外在事物的产生都是跟阿赖耶识有关联的，故被称为"万法唯识"。所以，佛教看起来是在谈论现象世界，万事万物之间都是互相关联、互为条件的存在关系，但实际上这些存在事物归根到底还是跟意识和心性结构密切相关的。这是理解佛教"共生"概念的重要基础，我们无法离开对这个结构的分析来理解"世界"和"法"的共生关系。

佛教所讲的"缘起论"，有很多类型。如初期佛教，就有非常有名的"十二缘起说"。从"共生"的角度理解，初期佛陀主要围绕个人意识来开展，"十二缘起"并不是指人与自然界，而更多是讲"身 – 心"的过程。初期佛陀在讲"十二缘起说"

时,所谓"缘起"或"共生"概念是从个体存在的角度,把人的整个生命活动分为很多类,例如身、口、意等感觉能力和认知活动,感受、觉知、欲望等活动,以及生老病死的生命过程等。也即,原始佛教的"十二缘起说",就是从"无明",即意识的错误才产生出生命流转中的一切——无明–行(身、口、意三业)–识(《阿含经》将此识分为"入胎""在胎""出胎"三类意识)–色(意识所缘之色、声等六境)–六处(感觉与认识能力,即眼、耳、鼻、舌、身、意等六根)–触(六根、六识、境三者相互作用产生的感受与认识)–受(苦、乐等感受)–爱(欲望)–取(执取,即由爱产生的行动)–有(广义的存在,这里主要指执取产生的残余习气或力量,既是过去行为的余习与业,同时也成为限定未来的因)–生(一类指先天业力所生,一类指现在生命体所累积产生的新的经验)–老死。

从大乘佛教开始关注"缘起–共生"的关系,亦即从意识的结构来分析。这其实分为两个思想,一个是"阿赖耶识缘起",一个是"如来藏缘起"。在涉及"缘起"观念时,我们可以把大乘佛教里面这两支思想融合起来论述,以佛教史上最具代表性的作品《大乘起信论》为例,来论述共生的原则和原理。《大乘起信论》在传统中国佛教里面,是有关大乘佛教思想的一部纲要性著作。

首先,从佛教的角度而言,缘起共生的世界是指现象世界,即我们生活、生存的世界。大乘佛教认为,缘起是现象世界的基本法则,缘起世界的产生是一个沉沦、流转的过程,是在从高的意识不断沉沦到能够感受到的世界的过程中逐渐产生的。《大乘起信论》就详述了这一过程,及在这个流转世界的"一切法"之间的互相依存的关系。从这里就可以看出与"十二缘起说"的相通之处,在如来藏中,由"无明"开始运动,产生出了意识结构,而"一心"通过与第八意识("阿赖耶识")的结合产生第七识"末那识",又产生出眼、耳、鼻、舌、身、意六识的认知活动,然后往外推至佛教所讲的认识对象,并一步步沉沦为现象世界。现象世界与主观世界之间互相共生、互相纠缠,产生了各种心理活动、执着、情感等,这"一切法"之间的互生关系就逐渐开展成我们这个生存的世界。

《大乘起信论》不仅说明了共生如何产生的问题,同时还说明了如何在这个共存的世界中,找回超越世间的方法,从而逃离共生。这是一种心的觉解与革命过程,是从"始觉"到"究竟觉"的还灭过程,每一个众生不管身处何种

行星思维与共生哲学

> "如何唤醒觉悟的本能,从而通过不断地引导走出共生,回到一个'自身具足'的世界。这是佛教理解共生所提出的世界观。"

状态,内心都有一种觉悟的本能,关键在于如何唤醒觉悟的本能,从而通过不断地引导走出共生,回到一个"自身具足"的世界。这是佛教理解共生所提出的世界观,即佛教的目的是引导人们走出"共生"的世间法,而回归到自身具足的空间。

华严与共生观念

深受《大乘起信论》影响的华严宗在讲述"共生"时,提出了"因陀罗网"的观念,认为我们的生存世界就如同一个巨大的网络一般,由"心识"展开我们的生命,再展开生命所生存的环境,进而与环境互动展开成"因陀罗网"。所有现象、所有存在之间互相依存且重叠成一个复杂的网络结构,现象世界里的一与多、同与异、大与小、净与秽的关系等,都以"因陀罗网境界门"来说明世间一切现象之间互相映现、重重无尽,你中有我、我中有你的一体状态。从因陀罗网的观念来说,所谓共生观念不只是说两个存在的互相包容,而是共生之间每一个现象、每一个事物之间交错并行,无法分开,"因陀罗网"和"共生"观念是紧密关联的。

> "回到内心世界去真正地了知现象的本性,就会了解现象事物之间相互依存的共生关系。这不是从自然科学、技术层面去作剖析,而是从佛教认识的角度来建立起一种共生的'因陀罗网'。"

　　同时，华严宗也提出"分别了知诸法自性"的概念，即要理解不同事物之间的共生观念，首先要分别、了知诸法自性，只要真正了解了每个事物的真实本性，就可以做到不同属性的事物之间"相摄""相融""相入"的境界。如果体会不到事物之间、现象之间都是相互依存的共生关系，就说明我们还未认识到事物的本性和现象的本质。换句话说，共生是现象的基本存在状态，"分别"只是源于对于一切法的本性缺乏正确的认知，共生系统的完成，必须先建立共生的哲学观念和万物一体意识，所谓"唯心回转"，"若善若恶，随心所转，故云回转善成；心外无别境，故言唯心"。

　　那如何建立共生认识呢？佛教认为必须从意识、内心的哲学里去认识，无论是善恶还是其他诸种境界，如果能够回到内心世界去真正地了知现象的本性，就会了解现象事物之间相互依存的共生关系。这不是从自然科学、技术层面去作剖析，而是从佛教认识的角度来建立起一种共生的"因陀罗网"。

　　此外，佛教所谓"因陀罗网"的共生关系与中国哲学所讲的"天人感应"不同。

中国"天人感应说"一直是中国文化讨论人类与自然,以及人类政治的一种重要学说。中国人认为天、地、人"三才之道不相离"(《文中子》),宋代大儒石介就认为"天人相与之际,甚可畏也,古君子备之。言人而遗乎天,言天而遗乎人,未尽天人之道也"。可见,从自然的变化中反映出人事的一面,人事善恶也必然呈现在自然的变化中,所以,儒家的政治之道向来主张人类所做的任何事情,天地自然都会以相应的方式予以呈现和映照,因此天子及每个臣民都要对天地生敬畏心。

中国政治民本主义的观念可以从"天人感应"学说中引出来,但中国的天人感应说侧重于讲人事,是以人类为中心的,儒家的思想系统虽偶有提及自然界、动植物,但并没有着重强调。相对照而言,在佛教"缘起共生"的观念中,特别有关于对动物(素食)、植物议题的讨论,这一点更具有现代环保的价值。如关于植物议题中的植物是否为有情众生,而与其他有情生命一样获得尊重与保护的问题,在印度佛教传统中,植物作为有情众生的看法是被肯定的。[1] 在

《早期佛教中的植物有情问题》一书中，德国现代著名佛教史学者斯密特豪森（Lambert Schmithausen）就专门讨论了印度佛教传统中植物是否为有情存在，以及植物有无佛性的问题。他的结论是：印度佛教传统对植物是高度肯定的，植物是作为有情存在的众生。

有意思的是，在中国佛教中，天台宗也提出过"无情有性说"，即草木等自然之物虽不是有情之物但也具有佛性，只是这一观念在中国佛教中提出之后就被忽略了，讨论的重点还是放在以人为中心上，从人本角度来论述心性与自然万物的关系。这与中国儒家主导的人本主义传统有关，印度佛教或者说大乘佛教观念在东亚的发展，受到中国儒家观念影响而被中国化，与以人为中心的观念相融合。但是，植物有情的观念在日本的佛教中却被重视，从日本寺院的环境中也可以明显感受到人与自然万物，尤其是与植物的和谐共生。

佛教思想中，尤其是中国佛教传统中就有关人与人、人与自然，以及与不同文明、不同文化传统之间的差异共存的问题，提出了一个非常值得重视的议题，即所谓"判教"的观念。严格说来，判教最初只限于佛教内部，源于对佛

> "印度佛教或者说大乘佛教观念在东亚的发展，受到中国儒家观念影响而被中国化，与以人为中心的观念相融合。但是，植物有情的观念在日本的佛教中却被重视。"

教内部不同思想共存的处理方式：从偏浅到圆教。也就是说，佛教内部的不同思想传统有不同的层次，有些思想比较浅，有些则比较圆满周至，后来佛教，特别是中国佛教发展出一套"判教"的系统来对佛教内部不同思想进行融会贯通，并提出这些不同的思想传统都可以看作佛陀言说的真理，只是真理在针对不同根器的人时有不同的呈现形态，有深浅的不同。因而，不同思想传统间不能简单地理解为相互对峙，而要以判教的方式化解其思想的差异，"判教"可以成为佛教智慧处理不同文化与文明传统共存的一种智慧典范，中国天台宗、华严宗都有各自成熟的判教系统。

佛教传入中国后，就面临着与中国本土儒、道思想的共存问题，以唐代有名的佛教学者宗密的《原人论》为例。《原人论》以判教的方式处理来自印度文明的佛教和中国本土文明的关系，认为儒家、道家讲"人天关系"，在人、天之上才是印度小乘佛教，继而有印度大乘佛教。大乘佛教又分成三个等级，即"大乘法相教""大乘破相教""一乘显性教"。宗密提出，这些不同思想的深度不同，但都是对真理认识的不同角度与程度的差别而已，只是真理显化的层面不同，它们之间是可以相互共存的。

中国自迈入近现代以来，受到佛教影响的新儒家学者在对待不同文明类型的讨论中面对西方文明挑战，就试图借用"判教"的方式去和西方文明之间建立一种新秩序。所以，以人或者法为中心的"判教"这种"文明共生"模式作为标准，可以代替我们现在以地域、族群、种族为中心的文明关系论。这是佛教给我们有关不同文明之间和谐共存之道的重要启示，值得进一步探讨。

> "在佛教看来,'共生'的产生本身就是一个'沉沦'的过程。"

共生的沉沦与超克

在佛教看来,"共生"的产生本身就是一个"沉沦"的过程。"缘起"虽然包括了人与外部世界一切现象的存在,但佛陀更多是从存在论的意义上去说明"共生"世界存在的各种问题与烦恼。究其根本,万物"共生"才存在,没有一个固定不变的实体存在,而人类试图在共生的世界中执取不变,这就是产生痛苦的原因。如"五蕴"之间任何一法都是无常,并相互依存的,这就是法的"无我"(无实体)、苦、空。

此外,在佛教的思想系统里讨论"共生""缘起"时有价值性因素,它更多的是一个伦理性、价值性的考量。所以,佛教认为"共生的世界"是此世界的法则,但同时因为人类生存于共生的世界,共生、缘起是在"沉沦"或曰"流转"的过程中产生的。我们生活在共生的世界里面,众生以及人类就一定会面临各种各样的问题。佛教特别指出在共生的关系中我们之所以会生"烦",是因为有诸种执着,执着于一些不变的东西,但是共生的法则就是不断地变化,不断地相互依存,所以,执着于不变是产生我们世界痛苦的原因。

对于如何解决共生所带来的生存、生命的价值困惑的问题,佛陀并没有从自然界或人类的科学和技术的层面去加以解决,而是认为我们的意识、心理、心性是共生的根源,所以要解决也必须是从精神意识方向,从意识的结构里面去解决,这一点,也可以说是东亚儒释道文明的共同传统。

佛教提出"共生"最终是要"超克共生"。以物观之,"共生"是"缘起流转"所产生的世界万象,即世界万象是共生所致,以共生为原则。但以道观之,佛教所设定的目标是"解脱",也就是要从共生的轮回中跳脱出来,佛教要追求的是从"共生"到"自立"。道德世界的"自立"过程与缘起共生是相对立的,它是还灭的过程,即通过意识的修炼过程,不断克服自我,跳出共生轮回的境地,

> **"必须在共生的世界里提升意识，所谓解铃还须系铃人，大乘佛教的智慧主张我们必须回到'共生世界'，去面对共生的问题，从共生之中找到解决人类问题的超越之道。"**

达到"依自不依他"的境界。

这是对"共生"法的超越，是佛教"缘起性空"的方式。"缘起性空"是大乘中观非常重要的概念。《中论》云："因缘所说法，我说即是空，亦为是假名，亦是中道义。"这里"缘起"法就是"空"，也就是"假"，表示从佛教来看，"共生的世界"是真实世界的表象（空、假），是一个假象的世界。

所以，佛教要求我们超越"缘起、共生"的世界。至于超越之法，小乘佛教主张，既然缘起共生的世界充满着烦恼和痛苦，那么寻找解脱之道就要逃避弃绝这个世界。但大乘佛教反对这种方法。在大乘看来，虽然缘起的世界是一个表象世界，共生的世界是需要被超克的，但大乘佛教不主张逃避共生世界去求得"自立"，而是要在共生中求超越，从缘起、共生的世界之内寻求超越的路径，这才是完整的"中道"。僧肇《肇论》提出"立处即真"的原则，"道远乎哉？处事而真。圣远乎哉？体之即神"。这就是说，必须在共生的世界里提升意识，所谓解铃还须系铃人，大乘佛教的智慧主张我们必须回到"共生世界"，去面对共生的问题，从共生之中找到解决人类问题的超越之道。

龚隽 中山大学哲学系、比较宗教研究所教授，主要从事中国佛教思想史、比较宗教学及中国哲学史的教学与研究。

1　Lambert Schmithausen 在《早期佛教中的植物有情问题》中利用一些详细的佛教典籍段落作为例证，论证了在早期佛教中植物可以被视为是活的、有意识的，或者至少还没有被明确地认为是无生命的和无知觉的。见 Lambert Schmithausen, *The Problem of the Sentience of Plants in Earliest Buddhism*. Studia Philologica Buddhica Monograph Series 6. Tokyo: International Institute for Buddhist Studies, 1991.

THE GAP OF WEN AND THE EDGE OF CHAOS
CHINESE PHILOSOPHY AND THE IMAGINATION OF A SYMBIOTIC WORLD

文的缝隙、混沌之边
从共生的难题到"宇宙的希望"

石井刚——文

> "黑川纪章《新共生的思想》一书附有共生思想相关言论的详细年表。从这里看,我们似乎可以认定共生一词在现代日本社会广泛流传开来,成为公共话语常提及的关键词应该是 20 世纪 80 年代以后。"

"共生"的理想与现实

共生概念在日本

"共生"一词,常出现在日语的语境中。著名建筑家黑川纪章(Kurokawa Kisho,1934—2007)主张此词系他始创。据他介绍,该词有两个来源:一是生物学术语 symbiosis,日语译为"共栖"("共生"和"共栖"在日语中读音相同,都读作 kyōsei);一则佛学家、净土宗僧侣椎尾弁匡(Shiio Benkyō,1876—1971)所推动的"共生佛教会"运动。[1] 黑川只是一家之言,"共生"一词是否确实由他首创,我们无法考证,大概也没有必要考证。但此词与佛教有着不解之缘,似是很有道理。日本净土宗深受中国净土宗开创者善导(613—681)的名言"愿共诸众生,往生安乐国"之影响,发展其独特的共生思想。所以,日本的共生思想植根于佛教由来的宗教世界观,应该是一种源远流长的文化特点。应该说,共生作为汉字语词比 symbiosis 外延更广阔,历史更悠久。我们探讨这一概念,应该把它放置于更宽广的思想、文化及历史脉络中。

黑川《新共生的思想》一书附有共生思想相关言论的详细年表。从这里看,我们似乎可以认定共生一词在现代日本社会广泛流传开来,成为公共话语常提及的关键词应该是 20 世纪 80 年代以后。[2] 那时,日本已经完成经济高速增长,经历了工业化带来的严重环境危机(即"公害问题"),出现泡沫经济,后现代思想广为流行。作为世界第二经济大国,当时的日本与国际社会的交流日益频

"人类概念的提出，是源于他自己对现实的判断：人只是自然界众多万物中的一种物类，而哲学尚未从此'类'的角度叩问过人的意义。"

繁，无论在国内外，起因于文化认同差异的种种摩擦自然增多起来。我们很容易想得到，共生概念的普及正对应着这种新的社会条件所带来的挑战。换句话说，日本社会对共生一词的使用更多注重的是在人类社会面临的后现代条件。即使彼此之间存在种种认同差别（性别、身体、国别、文化、语言、族群、信条、政治立场、经济地位，等等），也要与他者共同存在、共同发展，而这种诉求成了普遍的伦理目标。同时，在全球环境危机不断升级的形势下，如"人与自然的共生"的呼声那样，也有将自然界理解成人类的"他者"的思想得到社会的广泛认同。

共生的哲学实践

面对 20 世纪末出现的这些情况，东京大学"以共生为目标的国际哲学研究中心"（The University of Tokyo Center for Philosophy, UTCP）于 2002 年成立。该中心界定 21 世纪的人类将是共生的主体，将共生作为核心概念来致力于发展哲学研究的国际化。[3] 他们尤为重视人类在当下情境下的存在方式。共生作为伦理应该是我们要共同追求的目标，但从整个地球系统的角度来看，共生也是所有的生命赖以存在的基础条件。在此意义上，共生也是无须付诸玄学讨论的明摆着的事实。那么，还有余地能让哲学介入共生议题吗？UTCP 所长小林康夫（Kobayashi Yasuo）在一次与台湾大学哲学系共同主办的"共生哲学"学术研讨会上发表一篇题为《走向"新的人"——人类共生的地平线》的主题报告，

对于全球气候危机的现实与借助科技力量寻求解决方案的趋势，吐露出了哲学话语无效化的焦虑。他说：

> 就拿二氧化碳这一物质层面上而言，我们也已经在"共生"，我们作为"人类"共生，且作为"人类"与其他物种共生。不仅如此，我们已经与还未到来的"人类"全体以及其他物种共生。这与其说是形而上的、神秘的"真理"，还不如说是平庸的、像散文般的"事实"。[4]

他特意用引号强调"人类"是出于"人"和"人类"不能等同的想法。人类概念的提出，是源于他自己对现实的判断：人只是自然界众多万物中的一种物类，而哲学尚未从此"类"的角度叩问过人的意义。二氧化碳的排放是包括人类在内的所有动物为维系自己的生命不可放弃的前提条件，而人类还未找到碳素排放问题和生命存在的延续之间可相调和的伦理规范。因此，小林说，历史上的人还没有发展成为"人类"。他还表示，需要的不仅仅是伦理的反思，"人类主体"的建构，并以这种主体概念为基础创造出新的政治学才是更为迫切的实践性议题。共生的课题，要求人们改变有关生命和存在的思考方式。从个体生命的生和死，或曰从"此在"出发的哲学思考方式，将面临巨大挑战。他认为这是哲学自身的生存危机，考虑到小林康夫的这种思路，UTCP 学术团队通常把共生翻译为 co-existence 的理由也比较清楚了。也就是说，人已经不只是以个体生命为本位的存在（existence），而应该把自己界定为与他者共同存在的（co-existential）主体。

后来，从 UTCP 延伸出来的新的研究机构，即东京大学东亚艺文书院于 2019 年首次提倡"世界人学"（World Human Studies）。在同年 12 月举办的"世界人学宣言座谈会"上，有与会学者提出要把 human being 概念转化为 human co-becoming。[5] 其中微义也就是，要把人想象为共同向善的群体性动态存在。世界人学宣言目前还停留于一种纲领性的学术志趣层面，但它的提出可以视为共生思想得到了应有的发展之后的阶段性突破。本文也是以笔者在该座谈会上的报告为基础加以继续思考研究的产物。笔者将进一步借助于中国传统哲学话语，试图思考共生条件下的新的哲学应有的方向为何。

> "人类的共生至少面临两层困难：第一，人类自身的救亡图存策略，会和自然界的整体共生平衡之间发生矛盾；第二，人类社会内部的矛盾难以消弭。"

共生自然和人类共生之间的张力

人类的共生至少面临两层困难：第一，人类自身的救亡图存策略，会和自然界的整体共生平衡之间发生矛盾；第二，人类社会内部的矛盾难以消弭。共生是自然界中的各种物类相互依存的关系。在此层面上，共生是既定的事实。但自然界的共生平衡，离不开个体生命的牺牲。不只个体生命，还有物群的绝灭、气候的大变动，甚至星球的爆炸，都是在自然而然的演化过程中发生的现象。所有的物类以及个体都淡然以待，任其自然。唯一例外就是人类。他们对自然界的介入一下子把问题带进来。人类依仗其知性，几乎本能地要趋利避害，谋求长生，改造并利用大自然。因此，就人类而言，共生本质上会妨碍自己的无节制发展和无限繁荣。我们有无勇气为共生牺牲自己的利益？我们究竟在何等意义、何等范围内追求共生？共生自然的事实和人类要生存下去的欲望（也是伦理的要求）之间的尖锐矛盾，有无办法调解？若有，又如何？

更何况，我们人类面临的危机除了全球性的生态危机和气候危机之外，还有 70 多亿人类社会内部的层层矛盾和冲突，以及种种不正义、不公正、不平等，等等难题。在此情况下，人类社会的共生目标力图实现的是与他者的相处。如以意大利哲学家阿甘本（Giorgio Agamben）的理论为首的现代哲学话语告诉我们，共同体依赖他者的存在才得以成立，人类建立的任何共同体都不可避免地把某种他者当作维系内部凝聚力的条件。也就是说，为了保全"自己人"的整体生命而把被放置于例外状态者——Homo Sacer（牲人）排除在外。所以，与他者共生的伦理呼声即使多么悦耳，但在阿甘本的意义上，我们其实也很有可能有意无意地制造出为我献身的他者，摈除并压制他而不顾。所以，就人类命运共同体的角度而言，共生也是既定事实。只不过，共生的他者是永不被欢迎、永不被纪念的牺牲者。

共生是"事实"，但这种事实违背人类普遍的伦理规范。因此，我们不得不承认：与他者共生的事实和人类求善的人文目标之间，存在尖锐的矛盾。儒家道德要求"仁"，而其丰富内涵若以一句话概括，则无非就是"爱人"（《论语·颜渊》）。这应该是人类共同的道德标准，也是共同的善良企望。但真正要追求它，又谈何容易！

"文"的缝隙

从谭嗣同回到荀子

我们思考共生议题，就要面对这么艰巨的问题。但是，我们似乎只有一个出发点：重新站在"仁"的高度，追求"仁者爱人"的同时，也要把这个口号升级为"仁者爱物"，来适应人类世的伦理要求，也为此努力改变我们认识世界的方式，重新打开塑造新世界的可能空间。而我们在历史上，已经有宝贵的先例。晚清思想家谭嗣同（1865—1898）在其《仁学》中，提出"仁以通为第一义"的观点，主张打破名教束缚，要"冲决网罗"，废除君臣、父子、夫妇、昆弟等传统伦常，以达到万物相通的大同境界。貌似充满乌托邦色彩的这一激进主义思想，却隐含有关人类对待世界方式的重要启示。他认为，封建伦常关系的基础就是僵化的名实关系。"冲决网罗"是指抛弃语言符号系统现成的名实关系，重新组织新的关系，从而改变人对世界的认识结构本身。实际上，谭嗣同的这种思想与荀子的"理"概念遥相呼应。

《荀子·王制》曰：

> 天地生君子，君子理天地。君子者，天地之参也，万物之总也，民之父母也。无君子，则天地不理。

杨倞注云："礼义以君子为本，君子以习学为本。"[6] 故"君子"是学有所成、

文的缝隙、混沌之边

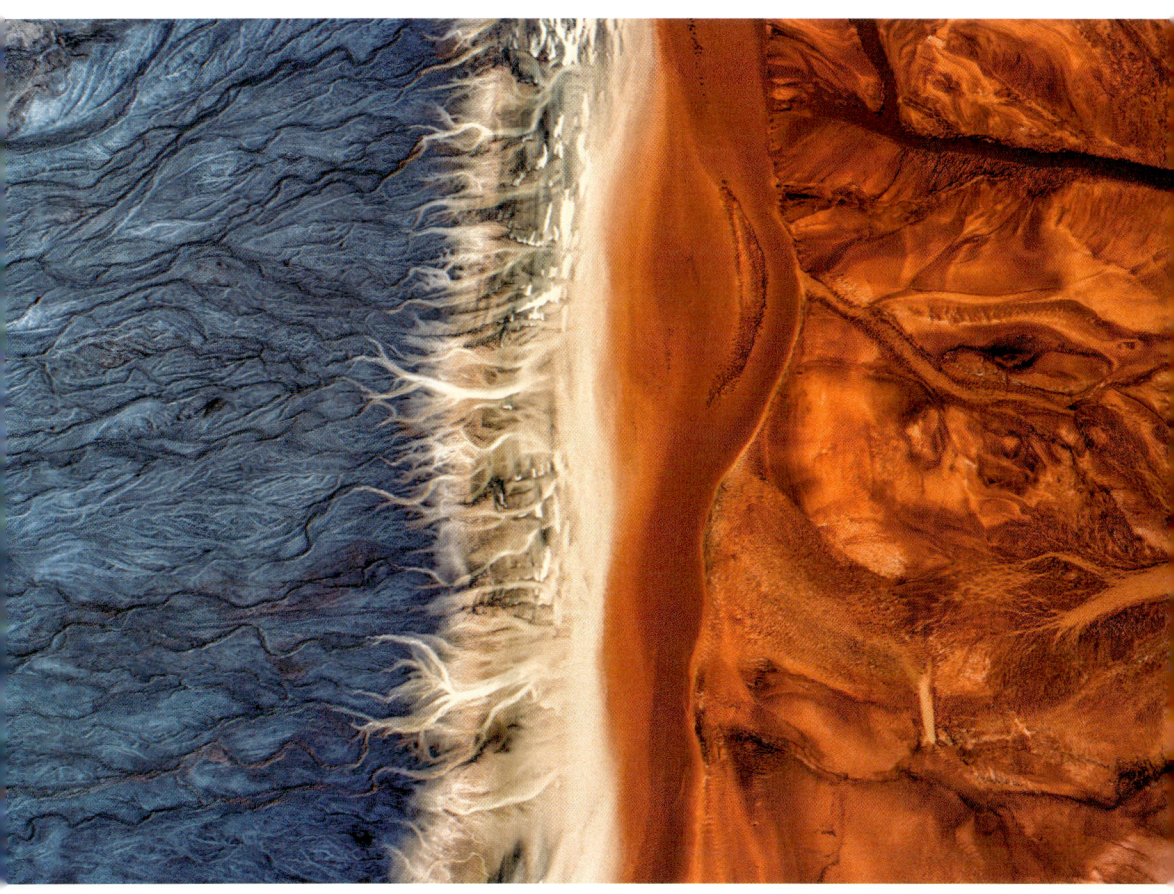

"'无君子,则天地不理',即我们对自然界的认识通过人的智慧才能形构出来。"

智慧和仁德双全的理想人格,而且是生为人的我们都应该也可以追求的人生目标。所以,君子实际上也是普通的人,人人都有其潜力可以成为君子。荀子说,君子不仅在天地自然中孕育出来,且此天地也由他来"理"。清代哲学家戴震(1724—1777)在《孟子字义疏证》的开篇即言:"理者,察之而几微必区以别之名也,故曰分理。"[7]《荀子》此处的"理"字,应该是这个意思。也就是说,天地自然有条不紊的规律,要依靠人的心知之能来观察并分辨才能描述出来。这是事物的"条理"所显现的机制。

"无君子,则天地不理",即我们对自然界的认识通过人的智慧才能形构出来。在科学史上,人类对自然界的认知和把握方式随范式的转变而转变;每一次重大的科学发现,也会彻底改变我们对世界的认识。世界本身自古如是,但一旦人的认识发生变化,则人与世界的关系也就变化,世界的面貌也发生变化。如近代生物学对细菌的发现,完全改变了人们防治疾病的方式。这是"君子理天地",即"察之几微区以别之"的方式的转变所致。也就是说,理代表着人们认识世界所依赖的命名符号系统。谭嗣同的"冲决网罗"以一种非常激进的方式表述出这个道理。

"文"的缝隙

理是人的主观认知作用及其所分辨出来的客观条理性。我们的语言本身,就是理的建构物。我们通过语言来描述世界。语言不同,语言描述出来的世界也就不同。反过来说,只要我们成功改变我们的语言,开显在我们眼前的世界也就与以往不同了。人类历史上的发展就是这样前进到今天的,正如美国学者普鸣(Michael Puett)所云:"我们一直在塑造自己,塑造这个世界,我们和我们生活的世界都是人为的产物……外在自然与内在自然一样,都需要被加工、

> "文是一个无休止的运动，只要人在，文就不停地在变化之中，而之所以能够如此，无非就是因为文和自然之间总有一定的'缝隙'。"

被改变、被改造得更加美好。我们已经创造了这个世界，因此，我们也可以改变这个世界。"[8]

理的结构性在语言的层面上而言，则叫"文"。许慎在《说文解字》中叙说，庖牺仰天俯地视鸟兽之文，始作八卦；仓颉见鸟兽蹄迒之迹，初造书契，依类象形，则叫文。[9]后来以"文"统称文章和文化，于是，以"文"代表人对天地自然进行描述的独特能力，人的语言就是其中最主要的体现。而以荀子为代表的中国哲学家告诉我们，文和自然之间总有些不可取消的差距。文毕竟是人的主观认知的体现，和自然本身永远不可能等同，也因此，人方能不断地修整语言，从而重新塑造世界，创造文明，培育文化。文是一个无休止的运动，只要人在，文就不停地在变化之中，而之所以能够如此，无非就是因为文和自然之间总有一定的"缝隙"。

浑沌之死

文的缝隙，是能让我们人类不断改变自己，永久往更好的方向去努力所不可或缺的活力来源。但是，这种缝隙总让人不安，因为它无始无终地存在、不可磨灭，却也不让人触摸，是一个莫名的深渊。换句话说，文的缝隙就是有待分辨的混沌世界。

说到混沌（Chaos），我们马上就想到《庄子·应帝王》中那则浑沌的故事：

> 南海之帝为儵，北海之帝为忽，中央之帝为浑沌。儵与忽时相与遇于浑沌之地，浑沌待之甚善。儵与忽谋报浑沌之德，曰："人皆有七窍，以视听食息，此独无有，尝试凿之。"日凿一窍，七日而浑沌死。

行星思维与共生哲学

> "混沌状态的保留是人要发展的必要条件,正如文有缝隙,才能够让我们改变既有的语言符号系统,重新认识世界,解释世界,并塑造世界。"

倏和忽,都像我们性情善良的人类。人都有酬谢之情,而且总希望过着稳定有序的日子。他们就是代表着这种人之常情。中央之帝浑沌,则很不同。他是一位赠予者,倏和忽因有了浑沌的赠予才能够相遇、相识,且相乐。这种关系,仿佛荀子"天地生君子"的天人关系。浑沌如天地一般,对倏和忽给予人情的美妙享受。既然如此,倏和忽就没理由不"理天地"来报答浑沌了。为了酬谢浑沌给他们的赠予,他们给其混沌貌加以改造,进行分辨。每日凿一窍,眼睛、耳孔、嘴、鼻孔,共七窍,直到浑沌死亡。"君子理天地"在浑沌的故事当中,就难逃如此毁灭性的结局。

这则故事,告诉我们人类理智的局限性。理智的完美发挥,反而会导致天地和人之间馈赠与酬谢相互关系的消亡。分辨物理,对之命名,结果导致名实关系的僵化。谭嗣同要"冲决网罗"就是要打破这种僵化状态。换言之,混沌状态的保留是人要发展的必要条件,正如文有缝隙,才能够让我们改变既有的语言符号系统,重新认识世界,解释世界,并塑造世界。

混沌与三极构造

对待关系的诱惑

日本著名科学史家山田庆儿(Yamada Keiji)曾经把倏、忽和浑沌的关系描述为三极构造:

起初,世界是一个由浑沌统治的单一空间。我们叫作单极构造,可以用一个圆圈表示。接着,世界的空间分割为三,由浑沌统治中央,南北各方分别由倏(或谓"禺号")和忽(或谓"禺强")统治。我们把它称为三极构造。……三极构造一旦建立起来,其统治者们生发矛盾,开始争斗。根据庄周,其主要的矛盾在于浑沌与倏及忽之间,换句话说,在于内部空间和外部空间之间。然后,内部空间的消失将带来斗争的结果。最后,浑沌死,世界分成两个部分,倏或禺号以及忽或禺强来分别统治。[10]

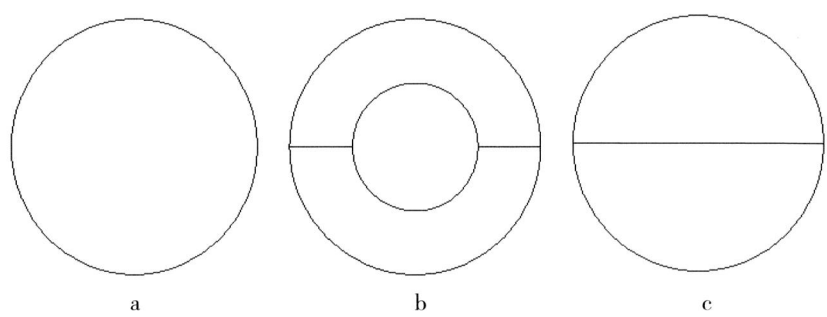

上图中的a、b、c分别表示单极构造、三极构造和双极构造。[11]倏和忽的到来,把原来的单极构造分成内部空间和外部空间两分化。内部空间仍然由浑沌统治,而倏和忽分别占据外部空间的各一半,于是三极构造出现。我们已经确认,倏和忽都以人之常情行事。他们刚诞生于未经分化的世界时,浑沌(混沌)还占有一席之地。但人之常情不能不使彼此之间生发矛盾,倏和忽对浑沌的酬谢在山田的眼里则表现为一种典型的势利所为,其必然结果就是开始冲突起来。至浑沌之死,出现两极分化的世界。阴阳既定,世界才稳定下来,而其稳定和秩序在两极力量的均衡之上得以维系。山田说:

双极构造恐怕有种很深的自然基础。在人类群体中间,性别的双极构造则为其表现。由性别决定的分工发展为各种分工和合作的系统,而在这种系统中,会不断出现双极构造。然而,单极构造和三极构造关乎人的主体决断和行为抉择的自由。……与自然趋向背道而驰的人的某种自由决断与行为抉

文的缝隙、混沌之边

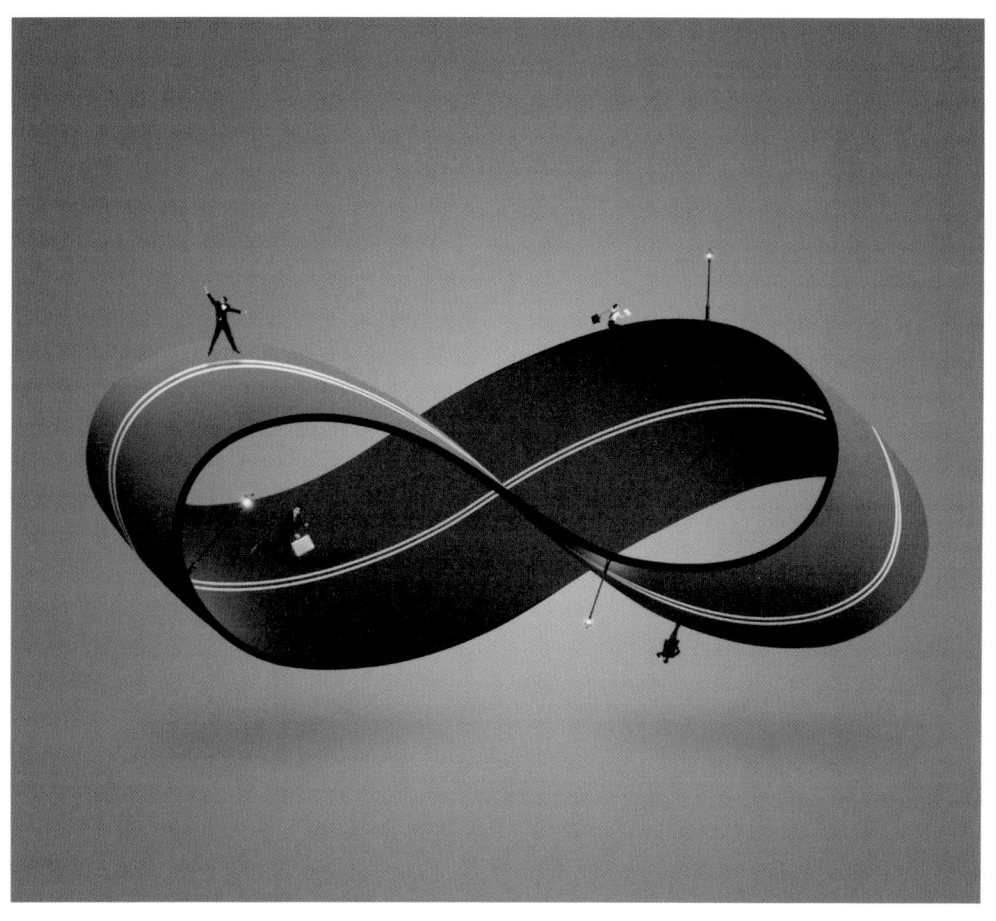

择，在双极构造里面创造出三极构造。[12]

在东方传统中，天地自然的结构以阴阳两气描述出来。如君臣父子等传统伦常也都表现为对待关系，也是天地自然二元结构想象在人类社会关系上的表现。不仅如此，"察之几微区以别之"这种不允许有丝毫暧昧之处的理性辨别功能也可以视为蕴含双极构造趋向的命名过程，也是现代启蒙的核心诉求。

"混沌之边"

谭嗣同"冲决网罗"的乌托邦想象，实际上是针对这种启蒙的欲望而发的强烈控诉。谭嗣同之后，打破对待关系便成了晚清批判哲学共同的主题。刘师培（1884—1919）如此，章太炎（1869—1936）亦如此。这种批判哲学与20世纪以后的现代物理学，以至于新近的复杂系统科学等所提供的当代世界观，有不谋而合之处。限于篇幅，应另行探讨。

奠定复杂系统科学理论的考夫曼（Stuart Kauffman）说：

> 从单细胞到经济系统，生物圈中的一切复杂适应系统都在朝向秩序与混沌边界处的某种自然状态进化，或者朝向结构性和不可预期性之间的妥协点进化。我认为这是一种命运。……我们在太阳底下找到属于自己的地方。那是在"混沌之边"找到平衡的，太阳的光辉所支撑的地方。但是，能逗留在那里的时间只是短暂的，最终会从那里滑落下去。无数演员上台表演。正如有一个优秀的剧作家曾经说的，他们在台上的时候，挺着胸，一会儿走路，一会儿烦恼。这是一种可笑的吊诡。这也是我们的命运。[13]

"混沌之边"（edge of chaos）是在复杂系统的世界当中不可缺少的进化动力源。它既不是现代启蒙所想象的理性化秩序，也不是天地浑然未分的原初单一构造，而是"秩序与混沌边界处"的某种自然状态，也是"能逗留在那里的时间只是短暂的"状态。这种脆弱的、若隐若现的状态，却为自然界的发展进化提供汲之不尽的活力。这种描述更形象地印证了山田三极构造理论中的儵、忽

> "三极构造违背自然的趋向,看来并不符合复杂系统科学所展现的世界观。但三极构造的成立与否取决于人的'自由决断与行为抉择'这一说法应该说是一个洞见。"

和浑沌三者关系(倏和忽之名均代表极其短暂的刹那时间,也很耐人寻味)。山田认为三极构造违背自然的趋向,看来并不符合复杂系统科学所展现的世界观。但三极构造的成立与否取决于人的"自由决断与行为抉择"这一说法应该说是一个洞见。"混沌之边"拒绝恒常化,而为自然界的运动起到决定性作用。反过来,人类也为了不断改变对世界的认识,从而改变世界,重新塑造世界,也必须要留有这种"混沌之边"存在的余地。"文的缝隙"不可否定的存在,在此意义上极其关键。

秩序与无序之间

与他者的共生

或许那个夹在文的缝隙中的混沌,才是我们真正的他者。他者存在于认识的彼岸,而他者的存在框定我们认识的范围。他者的存在总让人不安,但这并不只是因为我们如"牲人"般把他们排除在外之故,而更是因为他者的存在更深刻地给我们提供我们的此在存于世界的基础。所以,我们应该把阿甘本的他者论述颠倒过来看问题。

也就是说,不是我们建立共同体把他者排除在外,而是因为有他者的存在,我们才能够在有限的范围内维持貌似稳定有序的世界。他者先于我们而存在,共同体内部看上去保持稳定有序的时候,他者似乎是外在而潜在的干扰者,因而受到内部势力欺压；但共同体一旦失去稳定，我和他者的界限便开始动摇，开始相互渗透，扰乱既有的秩序，形成混沌状态的显现化。他者是重塑世界的活力源，也是构筑世界的泉源，他们推动世界秩序的转变，而这种转变作用实际上就是他者给我们的又一次赠予过程。于是，我们的世界不断地更新换代，自他关系也会随之转变。

自认为是主体的我们，在这种动态过程当中，其实就是由他者牵引其命运的客体而已。

天下格局的动态结构

山田庆儿提出以三极构造为核心的"极构造理论"，实际上源自给中国革命和建设梳理一套诠释理论的需要。山田从 20 世纪中叶中国革命和建设的实践意义出发，尤其注重其中根据地思想所发挥的创造性作用，寻找使"价值颠倒"成为可能的结构性机制。

> 中国革命的原型在于农村根据地。农村社会体系的表层构造可以表述为由地主和农民构成社会群体主体要素的双极构造。……红军（八路军、人民解放军）作为第三个要素从体系外部加入到这个构造当中建立新的内部空间，三极构造的革命根据地便形成出来。……由于这一内部空间的介入，外部空间的层位序列关系，或曰地主农民关系不断地转为混沌化状况，变成另一种层位序列关系。[14]

因此，三极构造是促进社会变革的运动机制，社会趋于成熟自然收敛为双极构造。三极构造和双极构造相更替才能使社会继续发展，而山田通过这一理论的提出，给我们展示中国社会的动态发展过程的结构性特色，尤其要展现根据地革命思想的理论价值。

山田的这种思想特别富有创意，但我认为使颠倒价值成为可能的结构性机制并非始于中国现代革命。实际上，传统中国的天下想象中，如《淮南子·天文训》所说的"天道曰圆，地道曰方"之宇宙想象，已经蕴含着类似的动态机制。

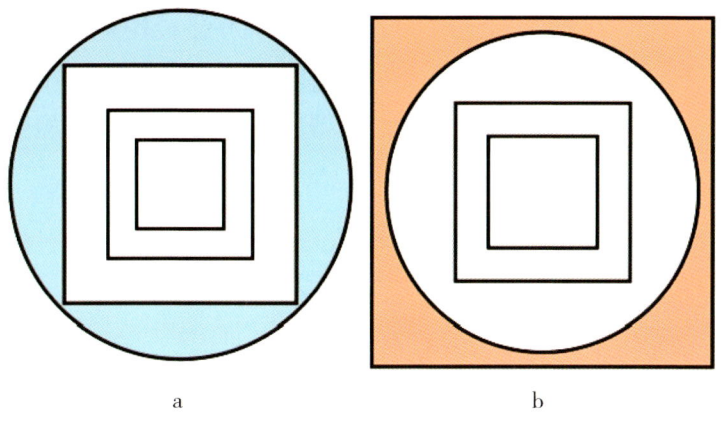

　　　　a　　　　　　　　b

　　这一句话所表示的"天圆地方"是古代中国人所想象的世界结构。令人好奇的是，天和地形状各异必然导致天地之间的缝隙。请看上图。无论圆形的天覆盖整个地（a）还是方形的地从穹庐般的天剩余出来（b），都一定会留下天地所容纳不下的余下部分。[15] 赵汀阳在其天下体系讨论中再三强调"天下无外"。那么，这个天和地莫名其妙的剩余是属于天下的外部还是内部？

结论：共生理想与"宇宙的希望"

　　这是极其富有启发性的世界观，也是我们在当下思考共生议题时必须要参照的思想资源。我们生活在此世界当中，而此世界是由无边无际的他者，即混沌环绕四周的。在大宇宙中，我们所存立于此的世界相比于这种他者的世界，极其渺小。我们思考共生议题，一定要把这种对渺小性的认识当成出发点。莫名的他者引导我们去认识世界、描述世界、塑造世界，而我们朝向"仁者爱人""仁者爱物"的理想方向，要不断调整我们的世界观和生命观。为此，我们也要营造出使我们的如上努力成为可能的领域，并要设计出符合此一要求的制度安排。这种制度安排，应该以三极构造为模板。三极构造，内含不断自我转化的运动机制。要实现它，就需要人的高度智慧、持续努力，以及崇高的仁义自觉。那应该是要当共生主体的21世纪人类力求到达的制高点。

　　天下世界观的奥妙之处，是在整体世界观的内部抱有无法理清的混沌领域——文的缝隙，或曰混沌之边界。本文试图提出，通过了解这种世界结构性

> "人类要在 21 世纪提高成为共生的主体，关键是树立一种能寄希望于他者的世界观。也许，这种世界观已经不再停留于地球范围。"

描述的特点，让我们重新认识到如下两点：其一，世界不是给定的、静止的存在，而是由人的主观认知塑造出来的，因此也是借由人的主体判断可以改变的；其二，同时，我们的存在由文的缝隙处混沌的他者所支配，我们的主体性也只是在他者性的刺激下给出来的反应而已。因此，人或人类绝对不是主宰者。

他者是莫名的深渊，但恰恰因为有这个他者，我们还可以在有限的世界内享有生命。因而，他者无非是我们的希望。人类今天走到这地步，要在 21 世纪提高成为共生的主体，且当之无愧的话，关键就是要树立一种能寄希望于他者的世界观。也许，这种世界观已经不再停留于地球范围。故此，我暂且把这种希望的方式称作"宇宙的希望"。共生的目标，应由此开始。 Ⓑ

石井刚（Ishii Tsuyoshi） 日本东京大学综合文化研究科教授、东京大学东亚艺文书院副院长。

1　黑川纪章：《新・共生の思想》（新共生的思想），东京：德间书店，1996 年，第 24 页。
2　黑川纪章：《新・共生の思想》（新共生的思想），东京：德间书店，1996 年，第 700–710 页。
3　详见日本文部科学省网站《平成 14 年度「21 世纪 COE プログラム」「採択拠点の事业概要」について》（关于 2002 年度"21 世纪 COE 项目"的"被采纳基地概况"）：https://www.mext.go.jp/a_menu/koutou/coe/1231196.htm。
4　小林康夫：《「新しい人」に向かって：人类の共生の地平》（走向"新的人"：人类共生的地平线），《共生の哲学のために》（为了共生的哲学），东京：东京大学共生のための国际哲学教育研究センター，2009 年，第 20–21 页。
5　《世界人间学宣言》（世界人学宣言），东京：东京大学东アジア艺文书院，2020 年，第 38 页。在此座谈会提到此概念的是文化人类学家、印度研究专家田边明生（Tanabe Akio），但其首倡者应该是与小林康夫一起引领 UTCP 的中国哲学专家中岛隆博（Nakajima Takahiro）。他也是东亚艺文书院的现任院长。中岛的相关论述，详见《Human Co-becoming：超スマート社会を支える人间観の再定义》（Human Co-becoming：可支撑超级智能社会的人类观念再定义），https://www.hitachihyoron.com/jp/column/ei/pdf/4-5w_07_experts_insights01.pdf。
6　王先谦：《荀子集释》，北京：中华书局，1988 年，第 193 页。

7 戴震：《孟子字义疏证》卷上，《戴震全书》第六册，合肥：黄山书社，2009 年，第 149 页。
8 普鸣：《哈佛中国哲学课》，胡洋译，北京：中信出版社，2017 年，第 175 页。
9 段玉裁：《说文解字注》，杭州：浙江古籍出版社，1998 年，第 755 页。
10 山田庆儿：《混沌の海へ 中国的思考の構造》（向混沌之海：中国思考的构造），东京：朝日新闻社，1982 年，第 296 页。
11 山田庆儿：《混沌の海へ 中国的思考の構造》（向混沌之海：中国思考的构造），东京：朝日新闻社，1982 年，第 296 页。
12 山田庆儿：《混沌の海へ 中国的思考の構造》（向混沌之海：中国思考的构造），东京：朝日新闻社，1982 年，第 274–175 页。
13 斯图亚特·考夫曼：《自己組織化と進化の論理》（自组织化与进化的逻辑，Kauffman, Stuart, *At Home in the Universe: The Search for Laws of Self-Organization and Complexity*），米泽富美子译，东京：筑摩书房，2008 年，第 39–40 页。
14 山田庆儿：《混沌の海へ 中国的思考の構造》（向混沌之海：中国思考的构造），东京：朝日新闻社，1982 年，282 页。
15 石井刚：《「中国」と「世界」：どこにあるのか》（"中国"和"世界"：在哪里？），东京大学东亚艺文书院《私たちはどのような世界を想像すべきか》（我们应该想想什么样的世界？），东京：トランスビュー，2021 年，第 281 页。

参考文献

1 戴震. 戴震全书. 合肥：黄山书社，2009.
2 段玉裁. 说文解字注. 杭州：浙江古籍出版社，1998.
3 郭庆藩. 庄子集释. 北京：中华书局，1961.
4 斯图亚特·考夫曼. 自己組織化と進化の論理（自组织化与进化的逻辑，Kauffman, Stuart, *At Home in the Universe: The Search for Laws of Self-Organization and Complexity*）. 米泽富美子译. 东京：筑摩书房，2008.
5 黑川纪章. 新·共生の思想（新共生的思想）. 东京：德间书店，1996.
6 谭嗣同. 谭嗣同集. 长沙：岳麓书社，2012.
7 东京大学东亚艺文书院. 世界人間学宣言（世界人学宣言）. 东京：东京大学东亚艺文书院，2020.
8 东京大学东亚艺文书院. 私たちはどのような世界を想像すべきか（我们应该想想什么样的世界？）. 东京：トランスビュー，2021.
9 东京大学以共生为目标的国际哲学研究中心. 共生の哲学のために（为了共生的哲学）. 东京：东京大学以共生为目标的国际哲学研究中心，2009.
10 普鸣（Puett, Michael）. 哈佛中国哲学课. 胡洋译. 北京：中信出版社，2017.
11 王先谦. 荀子集释. 北京：中华书局，1988.
12 山田庆儿. 混沌の海へ 中国的思考の構造（向混沌之海：中国思考的构造）. 东京：朝日新闻社，1982.

A PUZZLE ABOUT THE MANY AND THE ONE
NEW METAPHYSICAL CHALLENGES BEHIND THE CONCEPT OF SYMBIOSIS

关于"一"与"多"的古老难题
"共生"引发的本体论新思考

展翼文——文

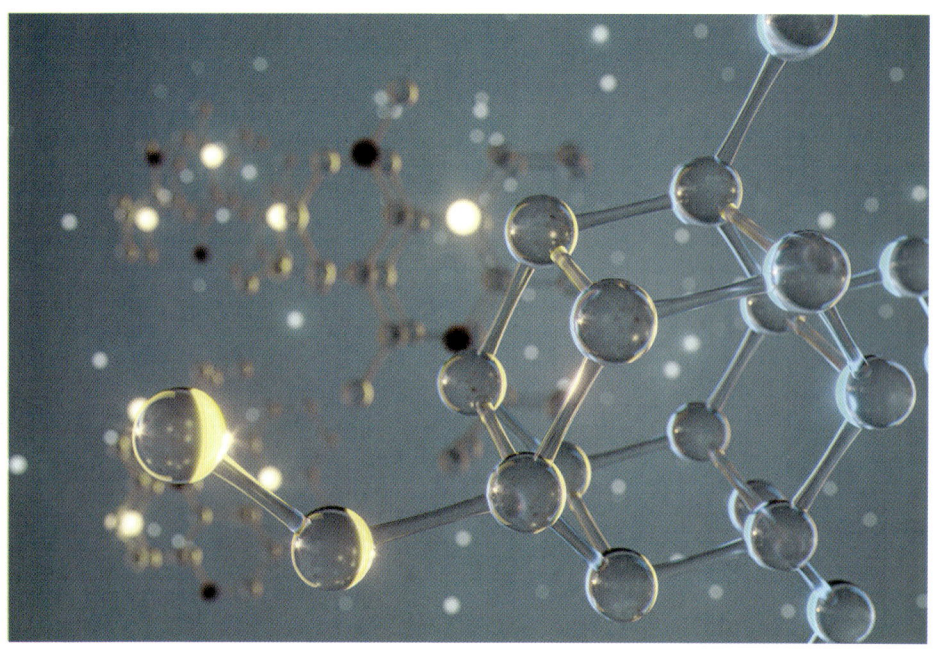

> "原子论同时又包含了巨大的开放性:虽然世间万物最终是由被称作'原子'的基本单元而来,它们究其本质却是一种'多'。"

原子、桌子与生命

早在古希腊时期,就有哲学家提出了关于原子的古典学说。这方面的代表便是德谟克利特。德谟克利特也许是我们所知的第一个百科全书式学者,根据一些记载,他的著述涵盖了针对知识、证据、逻辑、行星、大气、光线、声学、磁力、投影、几何、动植物、航海、医药、伦理学和语言文化等方面的研究。可惜的是,他的所有著作都失传了。我们只能通过古代其他作家的转述来尝试理解他的思想。据说他的思想展现出严谨的理性思维、超前的科学精神和强烈的人文关怀,以至于当代著名理论物理学家卡洛·罗韦利(Carlo Rovelli)在他的书中感慨道:

> 我一直认为,德谟克利特的所有作品的失传,是古典文明土崩瓦解中最惨痛的思想悲剧。……想象一下我们错失了古代如此浩渺的科学思考,很难不感到沮丧。亚里士多德的作品全部保留了下来,西方思想据此重新建立,而非来自德谟克利特。也许,如果德谟克利特所有的作品都能够流传下来,而亚里士多德的作品全都失传了,我们文明的思想史可能会更好……[1]

通过古罗马诗人卢克莱修的《物性论》,我们得以对德谟克利特的原子学说有所了解。在那之前,以巴门尼德为代表的哲学家认为世界是一个均匀、永恒、静止而不可分割的整体。而古典原子论则与此相反,指出世界本质上不是

"一"而是"多";世界本身既不均匀也不连续,而是由均匀而不可分割的被称为原子的单元所构成。这些原子在空间中永恒地运动、相互碰撞,相似的原子彼此吸引并以各种方式结合,通过无穷的变化构成了万物。这些观念如此超前,以至于直到 20 世纪初,通过爱因斯坦对布朗运动的解释,才最终在 1908 年得到实验验证而被人们接受。

除了超前性,原子论的另一个特点是其惊人的解释力。物理学家费曼在其物理学讲义的开篇写道:

> 假如由于某种大灾难,所有的科学知识都丢失了,只有一句话传给下一代,那么怎样才能用最少的词汇来表达最多的信息呢?我相信这句话是原子的假设(或者说原子的事实,无论你愿意怎样称呼都行):所有的物体都是用原子构成的——这些原子是一些小小的粒子,它们一直不停地运动着。当彼此略微离开时相互吸引,当彼此过于挤紧时又互相排斥。只要稍微想一下,你就会发现,在这一句话中包含了大量的有关世界的信息。[2]

　　这种理论上的巨大解释力,部分来自原子论在哲学上的特点。一方面,原子论的形而上学异常简洁而富有原则(这一点上与巴门尼德等人的哲学类似):对于构成世界的实体或者说本原,它只作出了"单一"的、普遍性的本体论承诺,亦即世界由且仅由均匀和永恒的微小的原子构成。但另一方面,与巴门尼德哲学不同的是,原子论同时又包含了巨大的开放性:虽然世间万物最终是由被称作"原子"的基本单元而来,它们究其本质却是一种"多";通过一系列基础的物理理论,这些简单的原子可以在特定条件下相互作用,并由此为充满变化的、极度复杂的经验世界提供物质基础。通过对经验世界的持续观察,我们时至今日依然可以不断发展和完善这些物理理论。

　　由此可见,原子论不仅是一个物理学说,其中也包含着某种特定的、意图兼具"普遍性"和"开放性"的世界图景或者说形而上学假设。根据这样的图景,尽管我们当下的基础物理定律所直接描述的只涉及极微观(和极宏观)的物理单元,比如一些基本粒子的相互作用,但这些粒子奠基了我们纷繁芜杂的经验世界。当然,我们语言中论及的有些对象,譬如数字、命题、空间中的点或者

"由此可见，原子论不仅是一个物理学说，其中也包含着某种特定的、意图兼具'普遍性'和'开放性'的世界图景或者说形而上学假设。"

空洞等,并不具有物理基础。但原子论的物理图景向我们保证,至少对像桌子、苹果这样的日常对象而言,我们只需一般性地将它们都视作基本粒子在特定方式下的组合即可;如此,似乎我们便不需要给它们额外赋予任何特殊的本体论地位。

在这一点上,比较激进的观点干脆认为,我们应当彻底取消譬如桌子等日常对象的本体论地位。基础物理理论里,自然不涉及桌子的存在。而取消主义者据此指出,这意味着在严格的本体论语言中,亦即当我们在最为一般的意义上追问"究竟何物存在"的时候,为了保证答案的充分普遍一致性,我们亦应仅仅承诺基础物理对象的存在——世上本没有桌子这种东西,只不过有些粒子偶尔会显得仿佛组合成桌子的样子(particles arranged tablewise),继而被我们感知而已。同理,世上既没有石墨也没有金刚石存在,只不过是一些特定的基本粒子在不同情形下显现出了不同的结构性质(比如柔软或坚硬),但这并不意味着除了那些粒子以外,世界上还有相应的复合物真实地存在。

哲学家因瓦根(Peter van Inwagen)据此提出了关于特定复合物的存在问题(special composition question):给定一些彼此不重叠的对象 xs(比如基本粒子),

在什么条件下我们可以说 xs 一起构成了一个新的复合物 y？[3] 显然，如果按照取消主义者的观点，世界上根本就只有简单物，因而并不真正存在任何额外的、复合式的对象（比如桌子）。

因瓦根本人的观点也与这种取消主义的观点近似，不过他做了一点让步：他承认世界上除了基本粒子以外，的确还有一类复合物存在，那便是生命体（living organisms）。因瓦根用于支持这一观点的大致理由如下：虽然根据对本体论的普遍性的要求，我们可以取消桌子等各种日常对象的存在，但是作为认知主体的我们自己却无法被最终取消。而从物质基础来看，我们是一种生命体；因此，生命体虽然是一种由基本粒子构成的复合物，但其独立的本体论地位不能被取消。

这一观点显然取决于我们对生命体作何理解。比如，依照因瓦根的论证，我们是否要求所有生命体都有意识？而究竟什么是意识？或者我们是否要求所有生命体都有某种程度的自主性？而究竟什么是自主性？生命体的界限究竟在哪里？一些非细胞结构，比如病毒，是否可以被看作生命体？这些都是生物学家和哲学家们仍在长期争论的问题，这里按下不表。但至少可以看到，尽管因瓦根等取消主义者们追求高度抽象且普遍化的本体论图景，但在处理复合物的存在问题时，似乎又陷入了关于生命的定义等各种复杂的且具体的争论。

加法运算与还原论

比取消主义稍微不那么激进的是所谓的还原主义。根据还原主义者的观点，我们大可以在对基本物理单元的本体论承诺的基础上，同时承诺由这些简单物所构成的各式各样复合物的存在。只不过在回答因瓦根所谓"特定复合物在什么条件下存在"的问题时，我们必须提供一种具有足够普遍性的回答：给定特定的一些简单物 xs，在任何条件下都有且仅有唯一的一个新的复合物 y 存在。换句话说，y 的存在条件就是与那些 xs 的存在条件相等同。用口号来说：复合就是等同（composition is identity）。

在还原论者看来，这样的一种本体论图景不但非常简明，亦即对"何物存在"这一问题的回答有着高度的普遍一致性，而且还保留了取消主义在本体论

> **"还原论图景对复合物的理解让'整体'与'部分'之间的关系，或者'一'与'多'之间的关系变得平凡，甚至有些空洞。"**

上十分"节约"的美德：一方面，还原论者承认，在基本粒子之外确实还存在着像桌子、苹果、扑克牌这样的复合物；但另一方面，他们又试图通过"复合就是等同"的原则保证，这样的一个复合物无非是构成它的那些基本粒子的搜集（collection），就好比一摞扑克牌不过是每一张牌所构成的搜集那样。

如果将 A 和 B 复合起来得到新的对象 C，但 C 又不比把 A 和 B 放在一起多出任何东西，这样的复合关系非常类似算术中的加法关系。我们都知道加法是如何工作的：想象一个有效的等式 2+1=3，等式的左边指出多个对象（数字 2 和数字 1）之间存在一种复合关系（相加），而在等式的右边，我们得到了一个唯一的、新的对象（数字 3）。于是，这里就体现了一种朴素的"一"与"多"的关系，亦即相等关系。

按照还原论者的说法，物理世界中的复合关系就像数学中的加法运算那样：我面前的一碗米饭并不比其中每一粒米的总和多出任何东西。如果我吃掉了所有那些米粒，那碗饭便也被我吃掉了（当然不包括饭碗）。虽然世界上既存在那些米粒，也存在那一碗饭，但后者的存在既不带来物质，也不带来数量上的任何额外的增加。那些米在哪里，那碗饭就在哪里，两者其实是一回事，无米之炊并不存在。

然而，这种还原论图景对复合物的理解让"整体"与"部分"之间的关系，或者"一"与"多"之间的关系变得平凡，甚至有些空洞。所谓整体，无非是将其所有部分"搜集"或者说"罗列"在一起而已。反过来说，我们只要罗列任何一些东西，它们便都构成了一个整体：我与面前的饭碗便构成了一个整体，我的椅子和金门大桥也构成了一个整体。而一个整体具有什么性质，只需要考察它的各个部分分别具有什么性质即可。

但这与我们的直觉往往不符：诚然，假如我的椅子和金门大桥构成了一个整体，这个整体自身或许并不具备任何特殊的性质；但对于其各部分彼此联系更为"紧密"的整体而言，这样的整体自身似乎应当具备一些不可还原的性质。假如一堆碳原子构成一枚金刚石（或者一片石墨），后者作为整体显然具有超出其中所有碳原子的某种性质。（对此，取消主义者当然可以说，因为根本不存在整体，所以也就不存在整体性质如何同部分性质相等同的问题。）而既然还原论者承诺了整体的存在，他们就必须解释，为什么作为整体的复合物所具有的性质似乎与其各个部分的性质并非总是等同的。毕竟，整体是"一"而其部分是"多"，这本来就应当是两种不同的性质！

涌现与共生

当我们抛弃取消主义和还原主义的方案，转而观察一些复合物所具有的不可还原的性质的时候，我们似乎逐渐远离了原子论者的初衷。世界上的东西会变得越来越多，而复合物的构成条件也越来越繁杂。比如说，想象一坨黏土构成的雅典娜神像，假如这个神像作为一个整体，有着超出其所有组成部分（黏土）的某种性质，那么黏土和塑像似乎就无法等同，后者比前者的总和还要多出来一些东西。但多出来的，究竟是什么？如果世界上除了存在基本粒子，还在独立的本体论意义上存在着塑像、公交车和委员会，而我们又无法对这些复合物的不可还原性质给出一般的、普遍性的刻画，那么形而上学就会变得越来越像博物学，而我们则很难对如何回答"何物存在"获得任何一致而普适的原则。

为此，一些替代性的解决方案包括承诺心灵与物质的二元论抑或是泛心论等，尤其是后一种方案，近年在哲学界得到了一定程度的复兴。[4] 但总体而言，这样的方案由于与自然科学存在一些较难调和的理论张力，因而往往被认为是在哲学上过于激进的。更为折中的，尤其是在科学哲学中更受欢迎的方案，是将一些复合物的不可还原的性质解释为"涌现"出来的性质，进而将这样的复合物看作涌现实体（emergent entities）。涌现实体的存在完全依赖于物理实体的

> **"涌现实体的存在完全依赖于物理实体的存在，而其所谓的'不可还原'的性质是在本体论意义上而言，亦即涌现性质在我们世界图景中却又扮演着某种基础性的角色。"**

存在，而其所谓的"不可还原"的性质是在本体论意义上而言，亦即涌现性质在我们世界图景中却又扮演着某种基础性的角色。

乍一看，这样的说法似乎有些自相矛盾：如果一个东西的存在完全依赖于其他物理实体的存在，它又怎么会是在本体论基础上的呢？一个可能的例子是物理中的混沌现象：在特定的条件下，即便依照非常简单的物理法则，对初始条件的极微小的改变也可能会导致计算结果的巨大差异。可以想象，尽管人类大脑最终也只不过是受到简单的物理法则的约束，它却可以涌现出典型的、高度复杂的心灵活动，使得我们即便在本体论意义上，也无法对其作出任何还原性的解释。[5]

前面提到，哲学家因瓦根试图取消所有复合物的存在，但同时又不得不承诺生命体是一个例外，由此，他的本体论图景依赖于对生命体究竟为何物的具体理解。或许，我们可以将生命现象都看作涌现的一种。一头牛、一个人，抑或"盖娅"作为一个复杂的生态整体，都可以被看作涌现实体。这些整体由于具有某种其任何部分都不具有的涌现性质，因而有着独立的、不可还原的本体论地位。

对于当下哲学界来说，究竟如何理解涌现的本质特征，仍然是一个相当开放的问题。我们显然不应满足于在直觉上给出一些现成的、关于涌现现象的清单，并由此来解释什么是涌现。相反，我们希望能够为涌现实体的存在条件给出一般的本体论说明。但这并不是一件容易的事情。若要准确地理解涌现，必须理解涌现过程中的开放性和多变性。由简单的"多"涌现为复杂的"一"的

> "若要准确地理解涌现，必须理解涌现过程中的开放性和多变性。由简单的'多'涌现为复杂的'一'的过程，是一个开放且充满变化的、动态的过程。"

过程，是一个开放且充满变化的、动态的过程。

然而，在我们惯常的本体论思维中，实在作为一个整体往往会被看作具有某种绝对性的结构：从"上帝视角"来看，实在的论域中究竟有着多少对象，这些对象间又存在着怎样的关系，都可以通过某种永恒的、静态的结构而得到反映——就像柏拉图的"理念世界"那样。与此形成对照的是，关于涌现的本体论要求我们对"整体"的理解保持一种开放性：涌现而成的复合物，并非某种一成不变的、静态的结果；相反，对涌现复合物的理解本身应当是多元的。用哲学家费耶阿本德（Paul Feyerabend）未完成的遗著中的说法，这种追求存在的丰富性（richness of being）的本体论图景同惯常的、基于抽象的本体论思维有着明显的张力。[6]

这种开放的本体论图景，在近年对于生物共生（symbiosis）现象的研究中得到了更多的印证。由于在共生体中存在所谓"你中有我、我中有你"的现象，传统的对个体的原子式的理解遭遇了种种困难：我们习惯性地认为一头牛显然是一个个体——这在比如相对于在金门大桥上奔跑的一群牛而言显然是合理的——但如果我们转换观察的视角，却又发现一头牛和其瘤胃中用于消化纤维素的细菌实际上处于一种相互依赖的共存关系；于是，在这种情形下，划分生物个体、生命单元边界的标准应当是什么，又变成了一个棘手的问题。[7]

对生物共生现象的研究，对于如何理解遗传、生物演化等问题带来了许多新的挑战。不仅如此，共生已经成为一个内涵在不断积极延展的概念：关于人体共生微生物的研究，以及对于生态群落、生态系统的新的理解等，不断地指

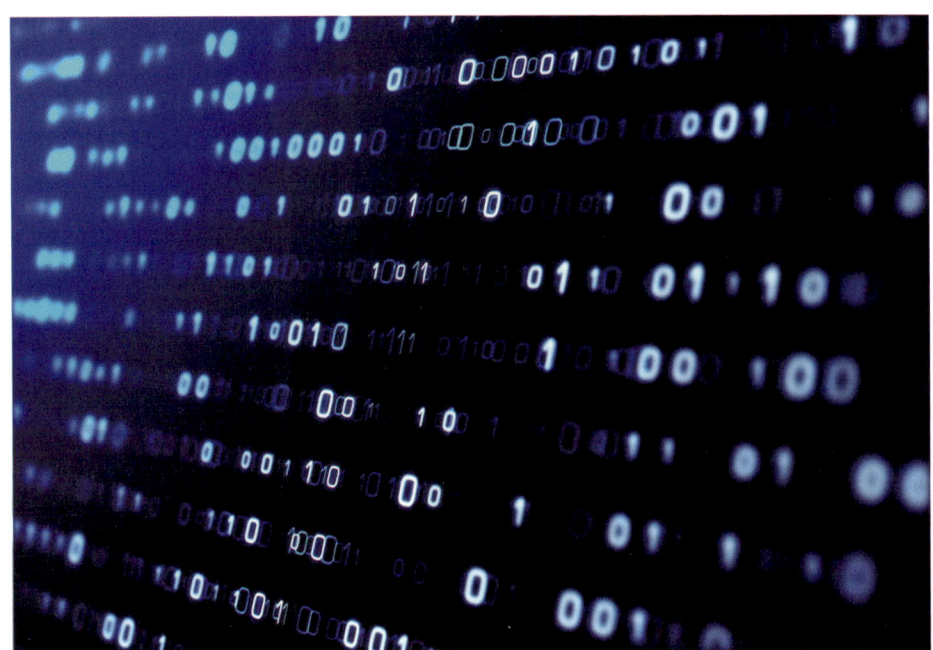

"共生已经成为一个内涵在不断积极延展的概念：关于人体共生微生物的研究，以及对于生态群落、生态系统的新的理解等，不断地指向广义的共生现象在世界中的普遍性。"

向广义的共生现象在世界中的普遍性。其实，如何准确地理解共生，对于我们如何发展一种关于涌现的、开放的本体论而言，既是挑战也是机遇。共生现象迫使我们以不同的视角去看待部分与整体、"多"与"一"之间的复合性关系。在本文的剩余部分，让我们对这一关系稍作细致的考察。

集合论、罗素与柏拉图

前面提到，对于如何理解部分与整体的关系，算术中的加法运算为我们提供了一种抽象而简洁的、整齐划一的方案。究其本质，这种方案其实就是"数数"（counting）：给任意一个自然数 m 加上 1，我们又得到一个新的数 n，而 n 便可看作一个由更小的数字所构成的抽象的整体。

这种抽象的整体和部分间的关系，体现在朴素的集合论思想中。类似物理中的原子那样，我们可以在集合论的世界中也设想一些"原子"并称之为"基本元素"（urelement）；接下来，我们可以认为这些基本元素构成了各式各样的集合。而集合论的语言就是用来探究，如何通过对这些集合进行各式各样的拆分、组合等操作，而得到不同的新的集合。比方说，假设世界上有两个基本元素，让我们分别称其为苏格拉底和亚里士多德，那么，{苏格拉底}、{亚里士多德}便构成了两个不同的集合；而将这两个集合"合并"在一起又可以得到一个新的集合{苏格拉底,亚里士多德}，这个新集合便是由前两个集合构成的一个整体。

通过集合论，我们甚至可以为譬如自然数这样的抽象物以及自然数上的各种运算给出定义。这种为算术奠定基础的尝试，至少从弗雷格那里就开始了。比如说，数字 n 可以通过一些集合在外延上的等价来定义（亦即这些集合刚好都只有 n 个元素）。另一种定义方法如下：既然数字 0 的意思就是没有任何东西，于是可以通过空集 { } 来定义它。但有了这种定义，我们便已经得到了一个抽象物，亦即数字 0；接下来，数字 1 便可以通过这个抽象物的集合来定义（亦即定义为 {0}），其中的确有一个元素（数字 0）；相应地，数字 2 又可以通过由数字 0 和数字 1 这两个抽象物构成的集合 {0,1} 来递归定义，以此类推。

集合论的强大之处在于，通过这种对集合的极致简单的操作，我们似乎可以为纷繁复杂的数学世界提供一个确定的逻辑基础。这也是以希尔伯特（David

Hilbert）为代表的数学形式主义者的远大志向，亦即将整个现代数学公理化。这一志向的远大之处在于，它实际上是希望通过一套通用的、简单的数学语言，亦即基本的算术系统的自洽性，来证明包括实分析在内的各种复杂的数学系统的自洽性，并由此涵盖物理世界中的所有真理。

在算术的世界中，"1+1"和"2"既不完全是一回事，但又是彼此等价的。诚然，从纯粹操作或者实用的角度，我们可以说这个令人隐约不安的事实不过是一种关于何为等价的特殊规定，而这些数学符号所对应的不过是一些抽象的乃至虚构的对象而已——典型地，集合便是一种概念上的抽象——但对于数学形式主义者来说，基本算术中的等价和抽象却与物理世界中的真理有着密切的联系。通过"数数"，或者说通过构造集合，我们可以对任何性质和它们彼此间的区别进行概括；而恰恰是通过这样的抽象概括，假使有一台超级计算机，我们就可以对关于物理世界的任何命题的真假作出判定。（在哲学中，这一般被称为诉诸"外延"的进路。）如果是这样，数学就绝不仅是一种实用的虚构；相反，数学世界更像是柏拉图笔下的理念世界——只有通过它，我们才能够认识和把握什么是真理。

遗憾的是，朴素的集合论很快被发现并不能完成这种柏拉图式的远大志向。回顾一下前面提到的，将一切复合物都还原为基本物理单元的还原主义图景：那个图景要求任何一些东西（比如我的椅子和金门大桥）都构成了一个整体。类似地，如果要通过集合论的语言来解决世界上的所有问题，我们自然也会希望任何东西加起来都构成了一个集合。这在集合论中被称为是不受限制的概括原则（principle of unrestricted comprehension）。但罗素发现，如果一个集合可以包括任何东西，它也可以包括它自己。比如说，"所有集合的集合"当然就包括了自身在内，甚至我们还可以考虑"所有将自身包括在内的集合的集合"，而这个集合也包括了自身在内。然而，假如我们考虑"所有不将自身包括在内的集合的集合"，这个集合是否包括自身在内呢？（想象一个声称给且仅给镇上所有不给自己刮胡子的人刮胡子的理发师，他是否应给自己刮胡子呢？）我们会发现，这个集合包括自身在内，当且仅当它不将自身包括在内！这便是著名的罗素悖论。

罗素悖论的存在，导致后来的公理化集合论不得不对概括原则进行限制。

> **"如果说每当我在吃碗里的麦圈或者米饭的时候，
> 我同时也在吃一个集合，这显然有些荒唐。"**

但是也恰恰由于这种限制，我们不得不承认，基本算术无法为更复杂的系统的自洽性提供基础，其中某些命题的真假也无法通过基本算术得到判定。基本算术甚至无法证明自身的自洽性。我们本来希望由此（借助一台超级计算机）可以把握世间的一切真理，但它似乎就这样从我们的指尖溜走了。

不可还原的"多"

给定任何一些对象，朴素的集合概念一方面要求它们总能够依据某种性质而被概括为一个集合；但另一方面，其中的每一个对象作为集合中的元素都必须充分见证这个概括的性质。不难发现，这种朴素的集合论与还原论式的形而上学图景有很多相似之处——集合作为一个整体所具有的性质，被要求必须是与其各组成部分的性质相等同的。但我们也曾提到，这种还原论式的图景会使得"部分"与"整体"的内涵变得有些空洞。任何一些事物都构成了一个整体，就像任何一些对象都构成了一个集合那样；而这个整体（或者集合）又被认为和它的各部分是一回事。可是，如果说每当我在吃碗里的麦圈或者米饭的时候，我同时也在吃一个集合，这显然有些荒唐。[8]

罗素悖论暴露了这种朴素集合概念所面临的尴尬困境：我们并非总是可以将一些对象概括为一个集合。"所有不将自身包括在内的集合"当然是一些对象的搜集，但它们无法被概括为一个新的集合。为此，罗素区分了两种由事物构成的"类"：作为"一"的类（class as one）和作为"多"的类（class as many）。集合虽然可以包含多个元素，由于它自身又是"一个"抽象的实体，

> "某些复多性无法通过'归一化'的方式得到充分的概括。这时,'多'便是不可还原的。"

因而它属于作为"一"的类。相反,有的类中的对象无法被某"一个"实体概括,它们于是构成了作为"多"的类。

"多"只是"多",它并不同时又是"一"。[9]

这意味着,某些复多性(plurality)无法通过"归一化"(singularization)的方式得到充分的概括。这时,"多"便是不可还原的。

对于这种"多",我们并不是无法对它们加以概括,只是任何一种概括都是不充分或者说不彻底的。如果我们能通过某种属性彻底地概括一些复多的对象 xs,这至少意味着 xs 中的每一个个体都自身具有那个属性,这样的属性一般被称为是"分布式"(distributive)的。比如说,假定 xs 是一些原子,那么对它们而言"是原子"这样的属性便是分布式属性,因为它们当中的每一个原子都独立地满足这一属性。

然而,如果 xs 的复多性是不可还原的,我们便无法通过任何一种分布式的属性充分地概括它们,因为它们可能还具有一些其他的、所谓"集体式"(collective)的属性。集体式属性无法被 xs 中的每一个个体独立具有。比如说,假设有一群人聚在一起或是彼此合作,那么"聚集""合作"这样的属性便只能被由这群人构成的"多"共有,却不能被其中的任一个体独有。

什么样的"原子"?

有了上面这些讨论,现在回到本文一开始提到的古典原子论的学说:世界由且仅由大量的原子构成,但每一个原子单独来看,都是均匀且无法分辨的。但为什么原子论者同时却又能坚持说，整个世界并非一个均匀而静止的整体，相反是充满运动与变化的呢？我认为，这恰恰是由于原子论者坚持了"一"与"多"的本质区别，并且坚持了后者的不可还原性：一方面，原子论者可以部分接受还原主义的图景，亦即我们确实可以在一定意义上对所有原子进行无差别的概括，于是，由原子所构成的整体的存在和其中每个原子的存在仅从外延上来看并无不同；但另一方面，在我看来，原子论者其实也可以同时接纳以下的观点：介观的、日常的宏观事物还有一些不可还原的集体式属性，因此外延上等同的整体可以具有不同的内涵。（正像同一坨黏土既可以构成一个砖块，也可以构成一个塑像，这恰恰是由于"砖块""塑像"代表了不同内涵的集体式属性。）只不过，任何这些属性都不能穷尽原子的"多"，因为它们有着无限多可实现的内涵，从中可以涌现出各式各样的集体式属性，于是也对应着各式各样的复杂物。[10]当然，这样的诠释或许已经超出了经典的原子论观点，但我认为这是一种正确的思考方向。

这样的论述，在直觉上或许并不难以理解。但这里值得稍微停下来，回味一下这种世界图景所包含的特殊的本体论意义。至少有两点值得我们注意，这里先说第一点：由于从"多"到"一"的概括涉及分布式属性和集体式属性的区分，我们不能对概括的过程进行简单的迭代（iterate）：不难想象，假若该区分并不存在，我们就可以轻易地从很多原子得到一个由它们构成的整体（集合），然后再把这些整体看作新的个体元素或者说"原子"，从中于是又可以得到更高级的整体（由原子的集合构成的集合）……以此类推。但是，如果我们的本体论是基于不可还原的"多"的，那么它所构造出的世界图景就不是纵向迭代的"层级式"（hierarchical）的，而更像是一种"扁平式"（flat）的：由许多原子构成的一个复杂物不能再简单地被看作一个新的、均匀不可分辨的"原子"，因为其中既有分布式属性又有集体式属性。与其说它是一个整体，倒不如说它是个"群体"（group）。群体并非简单的个体，它既是"一"又是"多"。如何看待一个群体的统一性，取决于我们有着怎样的本体论视角。而复多的不可还原性则提醒我们，合理的本体论视角绝非仅有一种。

也正因为如此，我们并不能从很多原子直截了当地叠加出桌子和人群，进而叠加出会议室和委员会，就如同把很多面团糅在一起……并最终（像后来的

行星思维与共生哲学

新柏拉图主义者那样）把一切都归一到一个永恒、唯一、无所不包的实体中去。相反，我们需要通过"扁平化"的本体论视角探索多样化的结构和存在的秩序，或许这恰恰是原子论的世界图景似乎能同时保持运动和可变性的秘密。

共生与开放的本体论图景

假如包括日常事物在内的复杂物也可以被看作一个群体，我们最后还可以进一步引入更深一层的复杂性：当考虑由多个复杂物所共有的集体式属性，或者由这些复杂物所构成的更大的群体时，我们实际上需要处理如何理解"群体的群体"的问题。[11]

比方说，当我们说"预算委员会与能源委员会有所重叠"的时候，"重叠"便是一个被预算委员会和能源委员会这两个小群体所共有的、大的集体式属性。让我们姑且把这个大群体称作"重叠委员会"，这个"重叠委员会"的构成显然是可变的（就像预算和能源这两个委员会的成员的可变性那样）。但值得注意的是，这个"重叠委员会"在构成上的可变性，不仅与预算和能源两个委员会彼此在整体上如何相重叠有关，它还会通过这两个委员会各自成员的构成得到体现。

这也展示了为何在"扁平式"的形而上学图景中，对"群体的群体"的理解并非迭代式的。"大群体"的存在条件，其实是与其中各个"小群体"自身的边界相关联的。诚然，假如预算委员会和能源委员会在成员上的重叠是纯属偶然的，那么"重叠委员会"的可变性或许不会对两个委员会自身的构成有任何影响（前者只会被后者单方面决定）；但假使两个委员会间的成员重叠其实有特定的规律可循，那么"重叠委员会"的可变性便会反过来影响到两个委员会自身的构成。

由这一特点，我们可以总结出这种形而上学图景的第二点特殊的本体论意义：当我们说从"多"到"一"的概括涉及其所构成的复杂物的多样化的内涵时，这里所谓的复杂物在内涵上的多样性差异不仅仅是指一种概念上的差异。（虽然习惯上，人们谈及内涵的时候往往是意指纯粹概念性的内容。）相反，这直接涉及我们对何物存在的本体论承诺：尽管集体式属性的多样性和可变性不

"我们需要通过'扁平化'的本体论视角探索多样化的结构和存在的秩序，或许这恰恰是原子论的世界图景似乎能同时保持运动和可变性的秘密。"

会影响作为简单物的原子自身的存在的同一性条件，但这确实可以影响复杂物的存在的同一性条件。

　　这一现象在关于共生现象的语境中体现得更为明显。当我们说"那头牛与它胃中的细菌有所重叠"的时候，二者的"重叠共生体"不仅仅受到那头牛的构成以及其胃中的细菌的构成的分别影响；相反，如何理解这种"重叠共生体"的内涵，会反过来影响我们对那头牛和那些细菌自身的存在的同一性条件的理解。只要我们对"重叠共生体"的内涵的理解仍然是开放的，就意味着我们对牛和细菌的存在的理解是开放的。换句话说，即便是在本体论的意义上，一头牛的边界仍然可能是模糊的或者并非充分确定的（underdetermined）。

"尽管集体式属性的多样性和可变性不会影响到作为简单物的原子自身的存在的同一性条件,但这确实可以影响复杂物的存在的同一性条件。"

  由此可以看出,针对共生现象的研究不仅仅为生物学和生物学哲学带来了新的议题,甚至在最抽象的形而上学层面给我们带来了新的挑战:如何理解整体与部分、"一"与"多"、个体与群体之间的关系和存在的条件,是和哲学一样古老的问题。但对这些问题的理解,仍然是相当复杂和开放的。这里,我们不是像生物学哲学家那样去探讨共生体如何存在、什么样的共生体存在,以及特定共生体的同一性边界究竟为何的问题。相反,本文关心的是一种关于世界的逻辑结构的问题:基于我们现有的科学知识,至少对复杂物,比如日常对象而言,它们的存在究竟遵循怎样的逻辑规律和本体论条件?我们发现,即便对这种高度抽象和一般性的问题,其答案或许也比哲学家们已掌握和熟知的要更

> **"就像共生现象向我们所揭示的那样，**
> **地图有着无数种绘制的可能，**
> **但没有一种唯一地概括了我们生活的行星世界。"**

为复杂。[12]

　　探索现象背后规律的过程，是一种抽象和简化世界的过程。而最高程度的简化就发生在本体论领域，亦即探讨何物存在的领域。这种对存在与非存在，或者实在与非实在之间的界限的区分，在人类对复杂的经验世界的认识过程中发挥了举足轻重的作用。恰恰是通过"实在"这一概念，人们得以认识到梦境和幻觉并不是实在的，而一些微观的物理事实虽然无法直接被我们感知，但却是实在的。就像统一货币和度量衡那样，一些越是高度简化的概念可能越具有革命性和普适的力量。

　　但是，这样的概念也可能抹杀一些重要的细节。我们看到，一个还原论者或许会主张"少即多"（less is more），而取消主义者或许又会主张"多即不存在"（more is nonexistent）。这些观点在设计和传播美学中或许是不错的教条，但我们也要小心它们不要沦为奥威尔式的"本体论极权"，以至于多样性都"被消失"了。[13] 或许，实在世界的统一性和融贯性建立在更加开放和多元的视角之上，以至于我们无法用一套原则来把握"实在"与"非实在"的界限，以及"一"与"多"之间的关系等。我们当然希望，这样的概念都恰好切在了自然的关节之上（carving nature at its joints）。但在把握和描绘实在的复杂多样性时，或许我们不能止步于用一条锋利的边界线来解决所有问题，而是需要补充进来许多条可能的，乃至不同粗细变化的边界线。在这个意义上，世界或许更像一个多元的群体，而并非一个统一的个体。毕竟，就像共生现象向我们所揭示的那样，地图有着无数种绘制的可能，但没有一种唯一地概括了我们生活的行星世界。B

> **展翼文** 北京师范大学哲学学院讲师，德国莱比锡大学哲学博士，曾任北京大学博古睿研究中心研究专员。主要研究领域为关于模态和结构的形而上学、知识论与科学哲学问题。近年来的研究兴趣主要围绕一般模态相关的问题展开，包括条件句语义学、内涵和超内涵语义学、视角性问题、模糊性问题、语境敏感性问题等。他尤其关注这些语义学背后的形而上学问题，包括模态与时态、本体论与元本体论、实在论与反实在论、奠基关系、个体性、结构主义、形而上学知识等。同时也关注概念与知识的结构、概念工程、形式化知识论等问题。

---

1 摘自卡洛·罗韦利：《现实不似你所见》，杨光译，长沙：湖南科学技术出版社，2017年，第一章。
2 摘自 R. P. 费曼，R. B. 莱登，M. 桑兹：《费曼物理学讲义》（第一卷），本书翻译组译，上海：上海科学技术出版社，1983年，第2页。
3 参见 Peter van Inwagen, *Material Beings*, New York: Cornell University Press, 1990, Chap. 2.
4 参见 Joe Zadeh, "The Conscious Universe", *Noema*, 2021. https://www.noemamag.com/the-conscious-universe/.
5 另一个例子可能是华严宗中关于"因陀罗网"的设想：因陀罗网中的每一个单元都互相映现、互相依赖，但它们在本体论上有着不可还原的地位。参见本书龚隽《"缘起"与"共生"》一文。类似的例子，还包括科学哲学中的本体论结构实在论（ontic structural realism）等等。
6 参见 Paul Feyerabend, *Conquest of Abundance*, ed. by Bert Terpstra, Chicago: University of Chicago Press, 1999.
7 参见本书杨仕健《如何理解共生》一文。
8 参见 George Boolos, "To Be Is to Be a Value of a Variable (or to Be Some Values of Some Variables)", *The Journal of Philosophy*, vol. 81, 1984.
9 Bertrand Russell, *The Principles of Mathematics* (2nd Ed), Cambridge: Cambridge University Press, 1903, Section 74.
10 除了通过涌现，或许还可以通过传统的质形论（hylomorphism）来理解集体式属性。相关讨论参见如 Gabriel Uzquiano, "Groups: Toward a Theory of Plural Embodiment", *The Journal of Philosophy*, Volume 115, Issue 8, 2018. 按照质形论的方案，一坨黏土虽然是同样的质料，我们却可以为其辅以不同的形式从而得到不同的整体，比如一个砖块或一尊塑像。反之亦然，同样形式的塑像也可能由不同的质料所构成。不过，对于质形论图景下我们如何可以避免或者至少限制对形式本身给予额外的本体论承诺，是一个尚需探讨的话题。
11 这在文献中有时被称作"超复多"（superplural）的问题。相关讨论参见 Salvatore Florio and Øystein Linnebo, *The Many and the One: A Philosophical Study of Plural Logic*, Oxford: Oxford University Press, 2021, Chap. 9.
12 具体来说，这可能会涉及对于存在的复多性（plurality）、模态性（modality）、分体论（mereology），以及关于形而上学奠基（grounding）、模糊性和涌现等问题的更多的深入研究。
13 参见 Paul Feyerabend, *Conquest of Abundance*, ed. by Bert Terpstra, Chicago: University of Chicago Press, 1999, p. 14f.

Andreas Gysin 创作